『十二五』國家重點圖書出版規劃項目
二〇一一—二〇二〇年國家古籍整理出版規劃項目
國家古籍整理出版專項經費資助項目

中國古農書集粹

王思明——主編

鳳凰出版社

ISBN 978-7-5506-4067-2

圖書在版編目（ＣＩＰ）數據

揚州芍藥譜、金漳蘭譜、王氏蘭譜、海棠譜、缸荷譜、汝南圃史、北墅抱甕錄、種芋法、筍譜、菌譜 / (宋) 王觀等撰. -- 南京 : 鳳凰出版社, 2024.5
（中國古農書集粹 / 王思明主編）
ISBN 978-7-5506-4067-2

Ⅰ. ①揚… Ⅱ. ①王… Ⅲ. ①農學－中國－古代 Ⅳ. ①S-092.2

中國國家版本館CIP數據核字(2024)第042403號

書　　名　揚州芍藥譜 等
著　　者　(宋)王觀 等
主　　編　王思明
責任編輯　王　劍
裝幀設計　姜　嵩
責任監製　程明嬌
出版發行　鳳凰出版社(原江蘇古籍出版社)
　　　　　發行部電話025-83223462
出版社地址　江蘇省南京市中央路165號，郵編：210009
印　　刷　常州市金壇古籍印刷廠有限公司
　　　　　江蘇省金壇市晨風路186號，郵編：213200
開　　本　889毫米×1194毫米　1/16
印　　張　28
版　　次　2024年5月第1版
印　　次　2024年5月第1次印刷
標準書號　ISBN 978-7-5506-4067-2
定　　價　280.00圓

《中國古農書集粹》編委會

序

中國是世界農業的重要起源地之一，農耕文化有着上萬年的歷史，在農業方面的發明創造舉世矚目。中國幾千年的傳統文明本質上就是農業文明。農業是國民經濟中不可替代的重要的物質生產部門，在傳統社會中一直是支柱產業。農業的自然再生產與經濟再生產曾奠定了中華文明的物質基礎。在漫長的歷史進程中，中華農業文明孕育出南方水田農業文化與北方旱作農業文化、漢民族與其他少數民族農業文化等不同的發展模式。無論是哪種模式，都是人與環境協調發展的路徑選擇。中國之所以能够在十九世紀以前的一兩千年中，長期保持着世界領先的地位，就在於中國農民能够根據不斷變化的人口狀況以及自然、經濟環境作出正確的判斷和明智的選擇。

中國農業文化遺產十分豐富，包括思想、技術、生產方式以及農業遺存等。在傳統農業生產過程中，形成了以尊重自然、順應自然，天、地、人『三才』協調發展的農學指導思想；形成了以種植業爲主，種植業和養殖業相互依存、相互促進的多樣化經營格局；凸顯了『寧可少好，不可多惡』的農業經營策略和精耕細作的技術特點；蘊含了『地可使肥，又可使棘』『地力常新壯』的辯證土壤耕作理論；總結了輪作復種、間作套種和多熟種植的技術經驗；形成了北方旱地保墒栽培與南方合理管水用水相結合的農業生産模式。與世界其他國家或民族的傳統農業以及現代農學相比，中國傳統農業自身的特色明顯，既有成熟的農學理論，又有獨特的技術體系。

世代相傳的農業生産智慧與技術精華，經過一代又一代農學家的總結提高，涌現了數量龐大、種類繁多的農書。《中國農業古籍目録》收録存目農書十七大類，二千零八十四種。閔宗殿等學者在此基礎上又根據江蘇、浙江、安徽、江西、福建、四川、臺灣、上海等省市的地方志，整理出明清時期二百三十六種『新書目』。〔一〕隨着時間的推移和學者的進一步深入研究，還將會有不少沉睡在古籍中的農書被不斷地揭示出來。作爲中華農業文明的重要載體，這些古農書總結了不同歷史時期中國農業經營理念和傳統農業科技的精華，是人類寶貴的文化財富。

中國古代農書豐富多彩、源遠流長，反映了中國農業科學技術的起源、發展、演變與轉型的歷史進程與發展規律，折射出中華農業文明發展的曲折而漫長的發展歷程。這些農書中包含了豐富的農業實用技術、農業經濟智慧、農村社會發展思想等，覆蓋了農、林、牧、漁、副等諸多方面，廣泛涉及傳統社會中農業生産、農村社會、農民生活等主要領域，還記述了許許多多關於生物學、土壤學、氣候學、地理學、水利工程等自然科學原理。存世豐富的中國古農書，不僅指導了我國古代農業生産與農村社會的發展，也包含了許多當今經濟社會發展中所迫切需要解决的問題——生態保護、可持續發展、農村建設、鄉村振興等思想和理念。

作爲中國傳統農業智慧的結晶，中國古農書通過各種途徑傳播到世界各地，對世界農業文明産生了深遠影響，例如《齊民要術》在唐代已傳入日本。被譽爲『宋本中之冠』的北宋天聖年間崇文院本《齊民要術》被日本視爲『國寶』，珍藏在京都博物館。而以《齊民要術》爲对象的研究被稱爲日本『賈學』。江户時代的宫崎安貞曾依照《農政全書》的體系、格局，撰寫了適合日本國情的《農業全書》十

〔一〕閔宗殿《明清農書待訪録》，《中國科技史料》二〇〇三年第四期。

卷，成爲日本近世時期最有代表性、最系統、水準最高的農書，被稱爲『人世間一日不可或缺之書』。據不完全統計，受《農政全書》或《農業全書》影響的日本農書達四十六部之多。〔一〕中國古農書直接或間接地推動了當時整個日本農業技術的發展，提升了農業生産力。

朝鮮在新羅時期就可能已經引進了《齊民要術》。〔二〕高麗宣宗八年（一〇九一）李資義出使中國，宋哲宗（一〇八六—一一〇〇）要求他在高麗覆刊的書籍目録裏有《氾勝之書》。高麗後期的一三四九年與一三七二年，曾兩次刊印《元朝正本農桑輯要》。朝鮮太宗年間（一三六七—一四二二），學者從《農桑輯要》中抄録養蠶部分，譯成《養蠶經驗撮要》，摘取《農桑輯要》中穀和麻的部分譯成吏讀，並以此爲底本刊印了《農書輯要》。朝鮮的《閒情録》以《陶朱公致富奇書》爲基礎出版，《農政會要》則主要引自《授時通考》。《農家集成》《農事直説》以及姜希孟的《四時纂要》主要根據王禎《農書》等多部中國古農書編成。據不完全統計，目前韓國各文教單位收藏中國農業古籍四十種，〔三〕包括《齊民要術》《農政全書》《授時通考》《御製耕織圖》《江南催耕課稻編》《廣群芳譜》《農桑輯要》等。

中國古農書還通過絲綢之路傳播至歐洲各國。《農政全書》至遲在十八世紀傳入歐洲，一七三五年法國杜赫德（Jean-Baptiste Du Halde）主編的《中華帝國及華屬韃靼全志》卷二摘譯了《農政全書》卷三十一至卷三十九的《蠶桑》部分。至遲在十九世紀末，《齊民要術》已傳到歐洲。達爾文的《物種起源》和《動物和植物在家養下的變異》援引《中國紀要》中的有關事例佐證其進化論，達爾文在談到人

〔一〕韓興勇《〈農政全書〉在近世日本的影響和傳播——中日農書的比較研究》，《農業考古》二〇〇三年第一期。
〔二〕［韓］崔德卿《韓國的農書與農業技術——以朝鮮時代的農書和農法爲中心》，《中國農史》二〇〇一年第四期。
〔三〕王華夫《韓國收藏中國農業古籍概況》，《農業考古》二〇一〇年第一期。

工選擇時説：『如果以爲這種原理是近代的發現，就未免與事實相差太遠。……在一部古代的中國百科全書中，已有關於選擇原理的明確記述。』〔一〕而《中國紀要》中有關家畜人工選擇的内容主要來自《齊民要術》。〔二〕中國古農書間接地爲生物進化論提供了科學依據。英國著名學者李約瑟（Joseph Needham）編著的《中國科學技術史》第六卷『生物學與農學』分册以《齊民要術》爲重要材料，説它『即使在世界範圍内也是卓越的、傑出的、系統完整的農業科學理論與實踐的巨著』。〔三〕

世界上許多國家都收藏有中國古農書，如大英博物館、巴黎國家圖書館、柏林圖書館、聖彼得堡（列寧格勒）圖書館、美國國會圖書館、哈佛大學燕京圖書館、日本内閣文庫、東洋文庫等，大多珍藏有《齊民要術》《茶經》《農桑輯要》《農書》《農政全書》《授時通考》《花鏡》《植物名實圖考》等早期刻本。不少中國著名古農書還被翻譯成外文出版，如《齊民要術》有日文譯本（缺第十章），《天工開物》與《茶經》有英、日譯本，《農政全書》《授時通考》《群芳譜》的個别章節已被譯成英、法、俄等文字，《元亨療馬集》有德、法文節譯本。法蘭西學院的斯坦尼斯拉斯·儒蓮（一七九九—一八七三）翻譯的法文版《蠶桑輯要》廣爲流行，並被譯成英、德、意、俄等多種文字。顯然，中國古農書已經是全世界人民的共同財富，也是世界了解中國的重要媒介之一。

近代以來，有不少學者在古農書的搜求與整理出版方面做了大量工作。晚清務農會於光緒二十三年（一八九七）鉛印《農學叢刻》，但是收書的規模不大，僅刊古農書二十三種。一九二〇年，金陵大學在

〔一〕［英］達爾文《物種起源》，謝藴貞譯。科學出版社，一九七二年，第二十四—二十五頁。

〔二〕《中國紀要》即十八世紀在歐洲廣爲流行的全面介紹中國的法文著作《北京耶穌會士關於中國人歷史、科學、技術、風俗、習慣等紀要》。一七八〇年出版的第五卷介紹了《齊民要術》，一七八六年出版的第十一卷介紹了《齊民要術》中的養羊技術。

〔三〕轉引自繆啓愉《試論傳統農業與農業現代化》，《傳統文化與現代化》一九九三年第一期。

全國率先建立了農業歷史文獻的專門研究機構，在萬國鼎先生的引領下，開始了系統收集和整理中國古代農業歷史文獻的研究工作，着手編纂《先農集成》，從浩如煙海的農業古籍文獻資料中，搜集整理了三千七百多萬字的農史資料，後被分類輯成《中國農史資料》四百五十六册，是巨大的開創性工作。

民國期間，影印興起之初，《齊民要術》、王禎《農書》、《農政全書》等代表性古農學著作均有石印本或影印本。一九四九年以後，爲了保存農書珍籍，曾影印了一批國内孤本或海外回流的古農書珍本，如中華書局上海編輯所分别在《中國古代科技圖録叢編》和《中國古代版畫叢刊》的總名下，影印了《天工開物》（崇禎十年本）、《便民圖纂》（萬曆本）、《救荒本草》（嘉靖四年本）、《授衣廣訓》（嘉慶原刻本）等。上海圖書館影印了元刻大字本《農桑輯要》（孤本）。一九八二年至一九八三年，農業出版社以《中國農學珍本叢書》之名，先後影印了《全芳備祖》（日藏宋刻本），《金薯傳習錄、種薯譜合刊》（前者刊本僅存福建圖書館，後者朝鮮徐有榘以漢文編寫，内存徐光啓《甘薯疏》全文），以及《新刻注釋馬牛駝經大全集》（孤本）等。

古農書的輯佚、校勘、注釋等整理成果顯著。萬國鼎、石聲漢先生都曾對《四民月令》《氾勝之書》等進行了輯佚、整理與深入研究。到二十世紀末，具有代表性的古農書基本得到了整理，如夏緯瑛的《管子地員篇校釋》和《呂氏春秋上農等四篇校釋》，石聲漢的《齊民要術今釋》《農桑輯要校注》《農政全書校注》等，繆啓愉的《齊民要術校釋》和《四時纂要》，王毓瑚的《農桑衣食撮要》，馬宗申的《授時通考校注》等。特别是農業出版社自二十世紀五十年代一直持續到八十年代末的《中國農書叢刊》，先後出版古農書整理著作五十餘部，涉及範圍廣泛，既包括綜合性農書，也收錄不少畜牧、蠶桑、水利等專業性農書。此外，中華書局、上海古籍出版社等也有相應的古農書整理著作出版。

一些有識之士還致力於古農書的編目工作。一九二四年，金陵大學毛邕、萬國鼎編著了最早的農書簡目《中國農書目錄彙編》，存佚兼收，薈萃七十餘種古農書。但因受時代和技術手段的限制，規模較小。一九四九年以後，古農書的編目、典藏等得以系統進行。一九五七年，王毓瑚的《中國農學書錄》出版（一九六四年增訂），含英咀華，精心考辨，共收農書五百多種。一九五九年，北京圖書館據全國二十五個圖書館的古農書書目彙編成《中國古農書聯合目錄》，收錄古農書及相關整理研究著作六百餘種。一九九〇年，中國農業歷史學會和中國農業博物館據各農史單位和各大圖書館所藏農書彙編成《農業古籍聯合目錄》，收書較此前更加豐富。二〇〇三年，張芳、王思明的《中國農業古籍目錄》收錄了古農書存目二千零八十四種。經過幾代人的艱辛努力，中國古農書的規模已基本摸清。上述基礎性工作爲古農書的搜求、彙集、出版奠定了堅實的基礎。

目前，以各種形式出版的中國古農書的數量和種類已經不少，具有代表性的重要農書還被反復出版。但是，仍有不少農書尚存於各館藏單位，一些孤本、珍本急待搶救出版。部分大型叢書已經注意到古農書的彙集與影印，《續修四庫全書》『子部農家類』收錄農書六十七部，《中國科學技術典籍通匯》『農學卷』影印農書四十三種。相對於存量巨大的古代農書而言，上述影印規模還十分有限。可喜的是，在鳳凰出版社和中華農業文明研究院的共同努力下，《中國古農書集粹》被列入《二〇一一—二〇二〇年國家古籍整理出版規劃》。本《集粹》是一個涉及目錄、版本、館藏、出版的系統工程，工作於二〇一二年啓動，經過近八年的醞釀與準備，影印出版在即。《集粹》原計劃收錄農書一百七十七部，後根據時代的變化以及各農書的自身價值情況，幾易其稿，最終決定收錄代表性農書一百五十二部。

《中國古農書集粹》填補了目前中國農業文獻集成方面的空白。本《集粹》所收錄的農書，歷史跨度時間長，從先秦早期的《夏小正》一直至清代末期的《撫郡農産考略》，既展現了中國古農書的萌芽、形成、發展、成熟、定型與轉型的完整過程，也反映了中華農業文明的發展進程。明清時期是中國傳統農業發展的巔峰，它繼承了中國傳統農業中許多好的東西並將其發展到極致，而這一階段的農書恰是本《集粹》收錄的重點。本《集粹》還具有專業性強的特點。古農書屬大宗科技文獻，而非傳統意義的歷史文獻，本《集粹》更側重於與古代農業密切相關的技術史料的收錄。本《集粹》所收農書覆蓋面廣，涵蓋了綜合性農書、時令占候、農田水利、農具、土壤耕作、大田作物、園藝作物、竹木茶、植物保護、畜牧獸醫、蠶桑、水産、食品加工、物産、農政農經、救荒賑災等諸多領域。收書規模也爲目前中國農業古籍集成之最。

《中國古農書集粹》彙集了中國古代農業科技精華，是研究中國古代農業科技的重要資料。同時，中國古農書也廣泛記載了豐富的鄉村社會狀況、多彩的民間習俗、真實的物質與文化生活，反映了中國古代農民的宗教信仰與道德觀念，體現了科技語境下的鄉村景觀。不僅是科學技術史研究不可或缺的第一手資料，還是研究傳統鄉村社會的重要依據，對歷史學、社會學、人類學、哲學、經濟學、政治學及其他社會科學都具有重要參考價值。古農書是傳統文化的重要載體，是繼承和發揚優秀農業文化遺産的主要文獻依憑，對我們認識和理解中國農業、農村、農民的發展歷程，乃至整個社會經濟與文化的歷史脉絡都具有十分重要的意義。本《集粹》不僅可以加深我們對中國農業文化、本質和規律的認識，還可以鑒古知今，把握國情，爲今天的經濟與社會發展政策的制定提供歷史智慧。

本《集粹》的出版，可以加強對中國古農書的利用與研究，加深對農業與農村現代化歷史進程的必然性和艱巨性的認識。祖先們千百年耕種這片土地所積累起來的知識和經驗，對於如今人們利用這片土地仍具有指導和借鑒作用，對今天我國農業與農村存在問題的解決也不無裨益。現代農學雖然提供了一些『普適』的原理，但這些原理要發揮作用，仍要與這個地區特殊的自然環境相適應。而且現代農學原理並不否定傳統知識和經驗的作用，也不能完全代替它們。中國這片土地孕育了有中國特色的傳統農業，積累了有自己特色的知識和經驗，有利於建立有中國特色的現代農業科技體系。人類文明是世界各個民族共同創造的，人類文明未來的發展當然要繼承各個民族已經創造的成果。中國傳統的農業知識必將對人類未來農業乃至社會的發展作出貢獻。

王思明

二〇一九年二月

目錄

揚州芍藥譜

(宋)王　觀　撰

《揚州芍藥譜》，（宋）王觀撰。王觀，字達叟（一説通叟），如皋（今江蘇如皋）人。歷任大理寺臣、江都知縣等職，擅長詞賦，在任時作《揚州賦》，宋神宗閲後大加褒獎。在揚州任職期間撰《揚州芍藥譜》，遂被重用爲翰林學士。

該書一卷，在劉攽《芍藥譜》所列的三十一個芍藥品種之外，另增加八種。序文主要探討了揚州一地栽培芍藥的方法，並與其他地方進行比較。正文中詳細描述每一種芍藥的花形、花色、大小、性狀等，如描述『冠群芳』則稱其『深紅，堆葉，頂分四五旋，其英密簇，廣可及半尺，高可及六寸，艷色絶妙，可冠群芳，因以名之』。在後序中，作者認爲前人對揚州溢美之詞甚多，但對芍藥的關注程度卻並不够，闡明了自己編撰此譜之目的。

該書傳世以來多稱《揚州芍藥譜》，有《百川學海》《説郛》《山居雜誌》《群芳清玩》《珠從別錄》《墨海金壺》《香艷叢書》《揚州叢刻》以及《叢書集成》等多個版本。今據南京圖書館藏《百川學海》本影印。

（何彦超　惠富平）

揚州芍藥譜

將仕郎守大理寺丞知揚州江都縣事王觀撰

天地之功至大而神非人力之所能竊勝惟聖人惟能體法其神以成天下之化其功蓋出其下而曾不少加以力不然天地固亦有間而可窮其用矣余嘗論天下之物悉受天地之氣以生其小大短長辛酸甘苦與夫顏色之異計非人力之可容致巧於其間也今洛陽之牡丹維揚之芍藥受天地之氣以生而小大淺深一隨人力之工拙而移其天地所生之性故奇容異色間出於人間以人而盜天地之功而成之良可恠也然而天地之間事之紛紜出於其前不得而曉者此其一也洛陽土風之詳已見於今歐陽

公之記而此不復論維揚大抵土壤肥膩於草木爲
宜禹貢曰厥草惟夭是也居人以治花相尚方九月
十月時悉出其根滌以甘泉然後剥削老硬病腐之
處揉調沙糞以培之易其故土凡花大約三年或二
年一分不分則舊根老硬而侵蝕新芽故花不成就
分之數則小而不舒不分與分之太數皆花之病也
花之顏色之深淺與葉蘂之繁盛皆出於培壅剥削
之力花既萎落亟剪去其子屈盤枝條使不離散故
脉理不上行而皆歸於根明年新花繁而色潤雜花
根窠多不能致遠惟芍藥及時取根盡取本土貯以
竹席之器雖數千里之遠一人可負數百本而不勞
至於他州則壅以沙糞雖不及維揚之盛而顏色亦

非他州所有者比也亦有踰年即變而不成者此亦係夫土地之宜不宜而人力之至不至也花品舊傳龍興寺山子羅漢觀音彌陀之四院冠於此州其後民間稍稍厚賂以匄其本壅培治事遂過於龍興之四院今則有朱氏之園最爲冠絕南北二圃所種幾於五六萬株意其自古種花之盛未之有也朱氏當其花之盛開飾亭宇以待來游者逾月不絕而朱氏未嘗厭也揚之人與西洛不異無貴賤皆喜戴花故開明橋之間方春之月拂旦有花市焉州宅舊有芍藥廳在都廳之後聚一州絕品於其中不下龍興朱氏之盛往歲州將召移新守未至監護不密悉爲人盜去易以凡品自是芍藥廳徒有其名爾今芍藥有

三十四品舊譜只取三十一種如緋單葉白單葉紅單葉不入名品之內其花皆六出維揚之人甚賤之余自熙寧八年季冬守官江都所見與夫所聞莫不詳熟又得八品焉非平日三十一品之比皆世之所難得今悉列于左舊譜三十一品分上中下七等此前人所定今更不易

上之上

冠群芳

大旋心冠子也深紅堆葉頂分四五旋其英密簇廣可及半尺高可及六寸艷色絶妙可冠群芳因以名之枝條硬葉疎大

賽群芳

小旋心冠子也漸添紅而緊小枝條及緑葉並與大旋心一同凡品中言大葉小葉堆葉者皆花葉也言緑葉者謂枝葉也

寶粧成

髻子也色微紫於上十二大葉中密生曲葉回環裹抱團圓其高八九寸廣半尺餘每一小葉上絡以金線綴以玉珠香欺蘭麝奇不可紀枝條硬而葉平

盡天工

柳浦青心紅冠子也於大葉中小葉密直妖媚出衆儻非造化無能爲也枝硬而緑葉青薄

曉粧新

白纈子也如小旋心狀頂上四向葉端點小殷紅色

每一朶上或三點或四點或五點象衣中之點纈也
綠葉甚柔而厚條硬而絕低

點粧紅

紅纈子也色紅而小並與白纈子同綠葉微似瘦長
上之下

疊香英

紫樓子也廣五寸高盈尺於大葉中細葉二三十重
上又聳大葉如樓閣狀枝條硬而高綠葉疎大而尖
柔

積嬌紅

紅樓子也色淡紅與紫樓子不相異
中之上

醉西施

大軟條冠子也色淡紅惟大葉有類大旋心狀枝條軟細漸以物扶助之緑葉色深厚疎而長以柔

道粧成

黄樓子也大葉中深黄小葉數重又上展淡黄大葉枝條硬而絕黄緑葉疎長而柔與紅紫者異此品非今日之黄樓子也乃黄絲頭中盛則或出四五大葉小類黄樓子蓋本非黄樓子也

擲香瓊

青心玉板冠子也本自茅山來白英團擲堅密平頭枝條硬而緑葉短且光

素粧殘

退紅茅山冠子也初開粉紅即漸退白青心而素淡
稍若大軟條冠子緑葉短厚而硬

試梅裝

白冠子也白纈中無點纈者是也

淺粧匀

粉紅冠子也是紅纈中無點纈者也

中之下

醉嬌紅

深紅楚州冠子也亦若小旋心狀中心緊堆大葉葉
下亦有一重金線枝條高緑葉疎而柔

擬香英

紫寶相冠子也紫樓子心中細葉上不堆大葉者

妬嬌紅

紅寶相冠子也紅樓子心中細葉上不堆大葉者

縷金囊

金線冠子也稍似細條深紅者於大葉中細葉下抽金線細細相雜條葉並同深紅冠子者

下之上

怨春紅

硬條冠子也色絕淡甚類金線冠子而推葉條硬而綠葉踈平稍若柔

妒鵞黃

黃絲頭也於大葉中一簇細葉雜以金線條高綠葉踈柔

蘸金香

蘸金蘂紫單葉也是鬚子開不成者於大葉中生小葉小葉尖蘸一線金色是也

試濃粧

緋多葉也緋葉五七重皆平頭條赤而綠葉硬皆紫色

下之中

宿粧殷

紫高多葉也條葉花並類緋多葉而枝葉絶高平頭凡檻中雖多無先後開並齊整也

取次粧

淡紅多葉也色絶淡條葉正類緋多葉亦平頭也

聚香絲

紫絲頭也大葉中一叢紫絲細細是也枝條高綠葉踈而柔

簇紅絲

紅絲頭也大葉中一簇紅絲細細是也枝葉並同紫者

下之下

效殷粧

小矮多葉也與紫高多葉一同而枝條低隨燥濕而出有三頭者雙頭者鞍子者銀絲者俱同根而土地肥瘠之異者也

會三英

三頭聚一蕚而開

合權芳

雙頭並蔕而開二朶相背也

擬繡韉

鞍子也兩邊垂下如所乘鞍狀地絶肥而生

銀含稜

銀緣也葉端一稜白色

新收八品

御衣黄

黄色淺而葉疎蘂差深散出於葉間其葉端色又微碧髙廣類黄樓子也此種宜升絶品

黄樓子

盛者五七層間以金線其香尤甚
　袁黃冠子
宛如髻子間以金線色比鮑黃
　峽石黃冠子
如金線冠子其色深如鮑黃
　鮑黃冠子
大抵與大旋心同而葉差不旋色類鵝黃
　楊花冠子
多葉白心色黃漸拂淺紅至葉端則色深紅間以金線
　湖纈
紅色深淺相雜類湖纈

甌池紅

開須並蕚或三頭者大抵花類軟條也

後論

維揚東南一都會也自古號爲繁盛自唐末亂離群雄據有數經戰焚故遺基廢迹往往蕪沒而不可見今天下一統井邑田野雖不及古之繁盛而人皆安生樂業不知有兵革之患民間及春之月惟以治花木飾亭榭以往來遊樂爲事其幸矣哉揚之芍藥甲天下其盛不知起於何代觀其今日之盛古想亦不減於此矣或者以謂自有唐若張祜杜牧盧仝崔涯章孝標李嶸王播皆一時名士而工於詩者也或觀於此或遊於此不爲不久而略無一言一句以及芍

藥意其古未有之始盛於今未爲通論也海棠之盛莫甚於西蜀而杜子美詩名又重於張祐諸公在蜀日久其詩僅數千篇而未嘗一言及海棠之盛張祐輩詩之不及芍藥不足疑也芍藥三十一品乃前人之所次余不敢輒易後八品乃得於民間而最佳者然花之名品時或變易又安知止此八品而已哉後將有出茲八品之外者余不得而知當俟來者以補之也

芍藥譜卷終

金漳蘭譜

（宋）趙時庚　撰

《金漳蘭譜》，（宋）趙時庚撰。趙時庚，號澹庵，宋宗室。因酷愛蘭花，故編成此書。自序署『紹定癸巳（一二三三）六月』，當爲成書之時。

全書三卷，共五篇。『叙蘭容質』記錄蘭種二十一品；『品蘭高下』評論蘭種的優劣；『天地愛養』叙述種蘭的方位、氣溫、乾濕、治蟲等養蘭之法；『堅性封植』記叙蘭的分枝、選土、培植之法。『灌溉得宜』記叙澆灌、施肥之法。該書内容細緻翔實，是研究種蘭歷史的重要資料。

該書版本有《説郛》《群芳清玩》《筆餘叢錄》《香艷叢書》等。今據南京圖書館藏抄本影印。

（惠富平）

序

先大夫朝議郎自南康解印還卜里居築亭引泉植竹因以為亭會宴乎其間得郡侯博士伯成名其亭曰筼筜世界又以其東架數椽自號趙翁書院囬峰轉向依疊石畫植花木藜雜其間繁陰之地環列蘭花掩映左右以為游憇養痾之地予時尚少日在其中每見其花好之豔麗之狀清香之馥目不能捨手不能釋即詢其名點而識之是以酷愛之心殆幾成癖粵自嘉定改元以後又采數品高出於向時所植者予嘉而求之故盡得其花之容質無失封培愛養之法而品第之殆今三十年矣而未嘗與達者道暇日有朋友過予會詩酒琴瑟之後倏然而問之予則曰有是哉即縷縷為之詳言友曰吁亦開發後覺一端也豈予一身可得而私有何不予諸人廣其傳予不得辭因列為三卷名曰

金漳蘭譜欲以續前人牡丹荔枝譜之意余以是編紹定癸巳六月良日澹齋趙時庚謹書

金漳蘭譜卷上

宋 趙時庚 撰

叙蘭容質

陳夢良色紫每幹十二萼花頭極大為衆花之冠至若朝暉微照曉露暗濕則灼然騰秀亭然露奇歛膚傍幹團圓心向婉媚綽約位立凝思如不勝情花三片尾如帶徹青葉三尺頗覺弱翠然而綠背雖似劍脊至尾稜則軟薄斜撒粒許帶緇最為難種故人稀得其真

吳蘭色深紫有十五萼幹紫英紅得所養則岐而生至有二十萼花頭差大色映人目如翔鸞翥鳳千態萬狀葉則高大剛毅勁節蒼然可愛

潘花色深紫有十五萼幹紫圓匝齊整疏密得宜疏不露幹密不簇枝綽約作

態窈窕逞姿真所謂豔中之豔花中之花也視之愈久愈見精神使人不能捨去花中近心所色如無紫豔麗過於衆花葉則差小於吳峭直雄健衆莫能比其色特深或云仙霞乃潘氏西山於仙霞嶺得之故人更以爲名

趙十四色紫有十五萼初萌甚紅開時若晚霞燦日色更晶明葉深紅合於沙土則勁直肥聳超出羣品亦云趙師傳蓋其名色

何蘭紫色中紅有十四萼花頭倒壓亦不甚錄

品外之奇

金殿邊色深紫有十二萼出於長泰陳家色如吳花尼則差小幹亦如之葉亦勁健所可貴者葉自尖處分二邊各一線許直下至葉中處色映日如金線其家寶之猶未廣也

白蘭

濟老色白有十二蕚標致不凡如淡粧西子素裳縞衣不染一塵葉與施花近似更能高一二寸得所養致岐而生亦號一線紅

竈山有十二蕚色碧玉花枝開體膚鬆美顒顒昂昂雅特閑麗真蘭中之魁品也每生並蒂花幹最碧葉綠而瘦薄開花生子蒂如苦薏菜葉相似呼為綠衣郎黃郎亦號為碧玉幹

施花色微黃有十五蕚合並幹而生計二十五蕚或迸於根美則美矣每根有萎葉朶朶不暇細葉最綠微厚花頭似開不開幹雖高而實貴瘦葉雖勁而實貴柔亦花中之上品也

李通判色白十五蕚峭特雅淡迎風浥露如泣如訴人愛之比類鄭花則減頭

低葉小絕佳劍脊最長真花中之上品也惜乎不甚勁直

惠知客色白有十五萼賦質清癯團簇齊整或向或背嬌于瘦困花英淡紫片色尾凝黃葉雖綠茂細而觀之但亦柔弱

馬大同色碧而綠有十二萼花頭微大開有上向者中多紅暈葉則高聳蒼然肥厚花幹勁直及其葉之低亦名五暈絲上品之下

鄭少舉色白有十四萼瑩然孤潔極為可愛葉則修長而瘦散亂所謂蓬頭少舉也亦有數種只是花有多少葉有軟硬之別白花中能生者無出於花其花之色姿質可愛為白花之翹楚者

黃八兄色白十二萼善於抽幹頗似鄭花惜乎幹弱不能支持葉綠而直

周染花色白十二萼與鄭花無異等餘短弱耳

夕陽紅花八萼花片凝火色則凝紅夕陽返照於物

觀堂主花白有七萼花聚如簇葉不甚高可供婦人曉粧

名第色白有五六萼花似鄭葉最柔軟如新長葉則舊葉隨換人多不種

青蒲色白有七萼挺肩露骨甚類竈山而花潔白葉小而直且綠只高尺五六寸

弱脚只是獨頭蘭色綠花大如鷹爪一幹一花高二三寸葉瘦長二三尺入臘方花薰馥可愛而香有餘

魚魫蘭十二萼花片澄徹宛如魚魫采而沉之水中無影可指葉則頗勁色綠此白蘭之奇品也

品蘭高下

余嘗謂天下凡幾山川而其支派源委與夫人跡所至之地其間山坳石罅斜谷幽竇又不知其幾何多遇古之修竹矗空之危木靈種覆蔓溪澗盤旋森羅蔽道暉陽不燭冷然泉聲磊乎萬狀隨地之異則所產之多人賤之蔑如也倏然經乎樵牧之手而見駭然識者從而得之則必攜持登高崗涉長途欣然不憚其勞中心之所好者何耶不能售販而置之也其他近城百里淺小去處亦有數品可服何必求諸深山窮谷每論及此往往啟識者雖有不韙之謂毋及也邇而氣殊葉萎而花蠹或不能得培植之三昧者耶是故花有深紫有淺紫有深紅有淺紅與夫黃白綠碧魚魫金縷邊等品

是必各因其地氣之所鍾而然意亦隨其本質而產之歟抑其皇穹儲精景星慶雲垂光遇物而流形者也噫萬物之殊亦天地造化施生之功豈予可得

而輕哉切嘗私合品第而類之以為花有多寡葉有強弱此固因其所賦而然也苟惟人力不知則多者從而寡之强者又從而弱之使夫人何以知其蘭之高下其不誤人者幾希嗚呼蘭不能自異而人異之耳故必執一定之見物品藻之則有炎然之性在况人均一心心均一見眼力所至非口語也故紫花以陳夢為甲吳潘為上品中品則趙十四何蘭大張青蒲統領陳八尉淳監糧下品則許景初石門紅小張蕭仲和何首座林仲孔莊觀城外則金殿邊為紫花奇品之冠也白花則濟老竈山施花李通判惠知客馬大同為上品所為鄭少舉黃八兄周染為次下品夕陽紅雲嶠朱花觀堂主青蒲名第弱鄉王小娘者也趙花又為品外之奇

天地愛養

天不言而四時行百物生蓋歲分四時生六氣合四時而言之則二十四氣以成其歲功故凡盈穹壤者皆物也不以草木之微昆蟲之細而必欲各遂其性者則在乎人因其氣候以生全之者也彼動植者非物乎恩及草木者非人乎斧斤以時入山林數罟不入洿池又非其能全之者乎夫春為青帝囘馭陽氣風和日暖蟄雷一震而土脉融暢萬彙蔡生其氣則有不可得而揜者是以聖人之心則順天地以養萬物必欲使萬物得遂其本性而後已故為臺太高則揰陽太低則隱風前宜面南後宜背北蓋欲通南薰而障北吹也地不必曠曠則有日亦不必狹狹則蔽氣右宜近林左宜近野欲引東日而避西陽夏遇炎熱則蔭之東冬逢沍寒則曝之下沙欲疏疏則連雨不能淫上沙欲濡濡則酷日不能燥至於插引葉之架平護根之沙防蝍蛚之傷禁螻螘之穴去其莠草

除細蟲助其新蕋剪其敗葉此則愛養之法也其餘一切窠蟲族類皆能蠹花
並可除之所以封植灌溉之法詳載於後卷

金漳蘭譜卷上

金漳蘭譜卷中

宋　趙時庚　撰

堅性封植

草木之生長亦猶人焉何則人亦天地之物耳閑居暇日優游逸豫飲膳得宜以蘭而言之具一盆盈滿自非六七載莫能至此皆由夫愛養之念不替灌溉之功愈久故根與土合性與壤俱然後森鬱雄健敷暢繁麗其花葉蓋有得於自然而然者合焉欲分而析之是裂其根荄易其沙土況或灌溉之失時愛養之乖宜又何異於人之饑飽則燥濕干之邪氣來間入其榮衛則不免有所侵損所謂向之寒暑適宜肥瘦得時者此豈一朝一夕之所能成也故必於寒露之後立冬以前而分之蓋取萬物得歸根之時而其葉則蒼根則老故也或者

於此時分一盆吳蘭欲其盆之端正則不忍擊碎因剔出而根已傷暨三年培始能暢茂予今深以為戒欲分其蘭而須用碎其盆務在輕手擊之亦須緩緩解析其交互之根勿使有拔斷之失然後遂篦蘖取出精年腐蘆頭只存三年每三篦作一盆盆底先用沙填之即以三篦蘖之互相枕藉使新篦在外作三方向却隨其花之好肥瘦沙土從而種之盆面則以少許瘦沙覆之以新汲水一勺定其根更有收沙曬之法此乃又分蘭之至要者當預於未分前半月取之篩去瓦礫之類曝令乾燥或欲適肥則宜於泥沙可用便糞夾和惟曬之候乾或覆濕如此十度視其極燥更須篩過隨意用蓋沙乃久年流聚雖居水濕之地而蘭之驟亦分析先性須假以陽物助之則來年蘖篦自長與舊蘖比肩此其效也夫苟不知收曬之宜用積拚之沙或憚披曝必至羸弱而黃葉者

亦有之箆之不發者有之積有日月不知體察其失愈甚俟其已蘇方始易沙滌根加意調護易其能復不亦後乎抑又知其果能復焉如其稍可前活有幾何時而或遂本質耶故保為禁惜之因併為之曰言曰於其既損之後而欲復全生之寡若於未分之前而必欲全生之豈不省力今遂品所以宜沙土開列於後

陳夢良以黃淨無泥瘦沙種而切忌肥恐有靡爛之失吳蘭潘蘭用赤沙泥何蘭青蒲統領大張金殿邊各用黃色麄沙和泥更添紫沙赤沙泥種為妙陳八尉淄監糧蕭仲宏許景初何首座林仲孔莊觀成乃下品極意用妙濟老施花惠知容馬大同鄭少舉黃八兄周染宜溝壑中黑沙泥和糞壤種之李通判竈山朱蘭鄭伯善魚魫用山下流聚沙泥種

夕陽紅以下諸品則任意栽種此封植之槩論

灌溉得宜

夫蘭自沙土出者各有品類然亦因其土地之宜而生長之故地有肥瘠或黄土赤而脊有居山之巔山之岡或近水或附石各依而産之要在度其本性何如耳不可謂其無肥瘦也苟性不能別白何者當肥强出已見混而肥之則好高腴者因得所養之天花則輕而繁葉則雄而健所謂好瘐者不因肥而腐敗吾未信之信也一陽生於子荄甲潛萌我則注而灌溉之使蘊中者稍護强壯迨夫萌芽迸沙高未及寸許從便灌之則戢然卓簪暨南薰之時長養萬物又從而清潤之則脩然而高鬱然而蒼者精於感遇者也秋八月初交熇陽方熾根葉失水欲老而黄此時當以濯魚肉水或穢腐水澆之過時之外合用之

物隨宜澆注使之暢茂亦以防秋風蕭殺之患故其葉弱拳拳然抽出至冬而極大人分蘭之次年不與發花者蓋恐泄其氣則葉不長耳凡善於養花切意愛其葉葉聳則不慮慮其花之不繁盛也

紫花

陳夢良極難愛養稍肥隨即腐爛貴用清水澆灌則佳也

濰蘭雖未能愛肥須以茶清沃之糞得其本地土之性異花看來亦好種肥亦灌溉之一月一度

趙花何花大張小張青蒲統領金殿邊半月一澆其肥則可焉

陳八尉滿監糧蕭仲和許景初何首座林仲孔莊觀成縱有大過不及之失亦無大害於用肥之時當俟沙土乾燥遇晚方加灌溉候曉以清水碗許澆之使

肥膩之物得以下漬其根使其新來未發之篦自無勾蔓送上散亂盤盆之患更能預以瓮鋼之物蓄雨水積久色綠者間或進灌之而其葉則潑然挺秀濯然爭茂盈臺簇檻列翠羅青縱無花開亦見雅潔

白花

濟老施花惠知客馬大同鄭少舉黄八兄周染愛肥一任灌溉李通判竈山鄭白善肥在六之中四之下又朱蘭亦如之

魚魫蘭質瑩潔不須過肥徐以穢膩物汁澆之夕陽紅六嬌青蒲觀堂主名第弱卿肥瘦亦當觀其土之燥濕晚則灌注曉則清水灌之欲儲蓄雨水令其色綠沃之為妙

惠知客等蘭用排沙斂去泥塵夾糞蓋泥種底用麄沙和糞鄭少舉用糞蓋泥

和便曬乾種已上面用紅泥覆之竈山用糞壤泥及用河沙内草鞋屑鋪四圍

種之累試甚佳大凡用輕鬆泥皆可

濟老施花用糞泥用零小便糞澆濕攤曬用草鞋屑圍種又竈山用園泥下有

糞澆濕泥種四圍用草鞋屑然後種之

金漳蘭譜卷中

金漳蘭譜卷下

宋　趙時庚　撰

奥法

分種法

分種蘭蕙須至九月節氣方可分栽十月節候花已胎孕不可分種若見霜雪尤不可分栽否則損花

栽花法

花盆先以麄碗或麄碟覆之於盆底次用爐炭鋪一層然後却用肥泥薄炭上使蘭栽根在土如根糝泥滿盆面上一寸地栽時不可雙手將手捏實則根不長其根不舒暢葉則不長花亦不結土有乾濕依時候用水澆灌

安頓澆灌法

春二三月無霜雪天放花盆在露天四向皆得水澆日曬不妨逢十分大雨恐墜其葉則以小繩束起葉如連雨三五日須移避暑通風處四月至八月須用疎眼竹籠籃遮護冀見日氣最要通風

梅天忽逢急雨須移花盆放背日處若逢大雨又逢日曬盆內熱水則盪害葉亦損根過雨時若枝上花蕊頭多候開次有未開一兩蕊頭便可剪去若留開盡則奪了來年花信

九月看花乾處用水澆灌若濕則不可澆或用肥水培灌一兩番不妨冬十月十一月十二月正月不澆不妨最怕霜雪須用窨籃庶護安頓朝陽有日照處在南窗簷不但是向陽處三兩日一番施轉花盆四面俱要輪轉日曬均勻開

花時則四畔皆有花若曬一面只有一處有花

澆花法

用河水或陂塘水或積留雨水最好其好其次用溪澗水切不可用井水澆水須於四畔澆匀不可從上澆下恐壞其葉也

四月若有梅雨不必澆若無雨時澆之五月至八月須是早起五更日未出澆一番至晚黄昏澆一番又要看花乾濕若濕則不必澆如十分濕爛壞其根

種花肥泥法

栽花蘭用泥不管四時遇山上有火燒處取水流火燒浮泥尋蕨菜草燒灰和火燒之泥用或拾舊草鞋敉在小糞中浸日久拌黄泥燒過黄灰却用大糞澆放在一壁儘數雨打日照三兩箇月收起頓放閑處栽花時用

瑞香花種時用前項肥泥如栽蘭一般安排盆内種只要泥鬆不可用實泥如栽花時將泥打鬆以十分為率八分用肥泥二分用沙泥拌之

去除蟣蝨法

肥水澆花必蟣蝨在葉底恐壞葉則損花如生此物研大蒜和水以白筆蘸水拂澆葉上乾净去除蟣蝨

雜法

遇盆内泥將乾則用茶清水灌澆下掏時用須用河水或留下雨水切不可用井水四月有花至八月内交九月節氣便可分花

蘭之壯者有二三十箇花頭弱者只有五六箇花頭恐泥瘦分時種無盆内泥取出再加肥泥和匀入盆栽種魚鱗水亦肥須是侵得氣味過日久反清用

尋常盆面泥乾併實則用竹篦挑剔泥鬆休要撥根動了葉紫紅色則是被霜打了須移於兩簷窗下背霜雪處安頓仍舊自青盆有竅孔不要着泥地安頓恐地濕蝍蛚鑽入盆内則損壞花又休要放盆在螞蟻穴處恐引入馬蝗則損花黄葉用茶清澆灌遇有黄葉處連根披去花盆要放在南邊架上安頓令風從底入為妙又免得蛚蝍蛚螞蟻之患

九月分花時用手擘開擘不開時用竹刀擘之休要損動了根分記如法栽種

金漳蘭譜卷下

跋

余嘗身安寂然一榻之中置事物之冗來紛至之外度極長篆香芬馥怡神默坐峰月一視不覺精神自恬然也種蘭之趣然之否乎澹齋趙時庚敬為三卷以俟知音余於循脩歲之暇窗前植蘭數盆蓋別觀其生意也每日一周旋其側撫之太息愛之太勤非徒悅目又且悅心怡神其芽茸其葉青青猶綠衣郎挺節獨立可敬可慕迨夫開也凝情瀼露萬態千妍薰風自來四坐芬郁豈非真蘭室乎豈非有國香乎親朋過訪遺以蘭譜予披味再三盡得愛之養之法因其譜想其人又豈非峨聲陽馥日乎時己卯歲中和節望日嫡真子李子謹跋

王氏蘭譜

（宋）王貴學　撰

《王氏蘭譜》，（宋）王貴學撰。王貴學，字進叔，臨江人，生平始末不可考。

該書共一卷，内容可分爲六條：品第之等、灌溉之候、分折之法、沙泥之宜、愛養之地、蘭品之産。書前有序，闡述作者爲蘭作譜的本意。『品第之等』中將『紫蘭』『白蘭』等品種根據産地的不同劃分等級，如稱『陳地紫蘭』爲甲等，『灶山白蘭』則爲白蘭中的最佳。『灌溉之候』則提出根據蘭花生長時令的不同採取不同的澆灌、施肥方法。『分折之法』則强調『剪枝』的重要性。『泥沙之宜』强調了根據蘭花品種的不同採用『黄淨無泥瘦沙』『山下流聚沙』等不同的養殖土。『愛養之地』則根據蘭花的生長習性，提出養蘭要選擇『迎南風而障北吹，引東暘而避西照』之地。關於『蘭品』，作者則將紫蘭、白蘭分開闡述。對於每一品種亦描述詳細，主要包括形態、氣味、色澤等内容。對於如『陳夢良』這樣的名品，還要附録一些與之名稱來源相關的内容。

該書有《百川學海》《説郛》《文房奇書》《山居小玩》《群芳清玩》《香艷叢書》等版本。原本有明崇禎三年（一六三〇）毛晉刻本，《説郛》本則爲清順治三年（一六四六）宛委山堂刻本。今據南京圖書館藏明崇禎三年毛晉刻本影印。

（何彦超　惠富平）

王氏蘭譜序

窗前有艸艸濂溪周先生蓋達其生意是格物而非翫物余及友龍江王進叔究於六籍經史之餘品藻百物封殖爲設客難而主其譜擷英於藝葉香色之殊得趣於耳目口鼻之表非体蘭之生意不能也所禀既異所養又充進叔資學亦如斯蘭埜而巖谷家有庭階國有臺省隨所置之其芳無數夫艸可以會仁意蘭之一艸云乎哉君子養德於

是乎在

淳祐丁未春戊戌韓陽葉大有序

自叙

萬物皆天地委形其物之形而秀者又天地之委和也和氣所鍾爲聖爲賢爲景星爲鳳凰爲芝艸有蘭亦然世稱三友挺挺花卉中竹有節而嗇華梅有華而嗇葉松有葉而嗇香唯蘭獨并有之蘭君子也飡霞飲露孤竹之清標勁柯端莖汾陽之清節清香淑質靈均之潔操韻而幽妍而淡曾不與西施貴妃等伍以天地和氣委之也余嗜焉成

癖牕几之暇與於心於身後於聲舉之間搜求五十品其性質植之客有謂予曰此身本無物子何取自累余應之曰天壤間萬物皆寄爾耳聲之寄目色之寄鼻臭之寄口味之寄有耳目口鼻而欲絕夫色聲臭味則天地萬物將無所寓矣若謂其所以寄我者而爲我有又安知其不我累耶客曰龍江遂譜之

淳祐丁未龍江王貴學進叔書

王氏蘭譜

宋龍江進叔王貴學著
明古虞子晉毛晉
金沙季鑾于鏘　同訂

品第之等

涪翁曰楚人滋蘭九畹植蕙百畞蘭少故貴蕙多故賤余按本艸薰艸亦名蕙艸葉曰蕙根曰薰十二晦爲畹九畹百畞自是相等若以一榦數花爲

薰賤之非也今均目曰蘭天下深山窮谷非無幽蘭生於漳者獨盛且馥其色有深紫淡紫眞紅淡紅黃白碧綠魚魫金錢之異就中品第紫蘭陳爲甲吳潛次之如趙如何大小張淳監糧趙道長泰長泰州邑名紫許景初以下又其次焉金錢邊爲紫花奇品白蘭竈山爲甲施花惠知客次之如季如馬如鄭如濟老十九蘗黃八周染以下又其次而魚魫爲白花奇品其本不同如此或得其人或得其

縣所產之異其名又不同如此

灌溉之候

涪翁曰蘭蕙藂生蒔以沙石則茂沃以湯茗則芳余於諸蘭非愛之太甚使之碩茂密蕃蒔沃以時而已一陽生於子根荄正稱受肥尚淺其澆宜薄南薰時來沙土正渴嚼肥滋多其澆宜厚秋七八月預防冰霜又以濯魚水或穢腐停久反清然後澆之人力所至蓋不萌者宜寡矣

分折之法

余於分蘭次年纔開花即剪去求養其氣而不洩爾未分之時前期月餘取合用沙去礫揚塵使糞夾和（鵞糞爲上他糞勿用）曬乾儲久逮寒露之後擊碎元盆輕手解折去舊蘿頭存三年之頴或三頴四頴作一盆舊頴内新頴外不可太高恐澆易溢不可太低恐根局不舒下沙欲疏則通而積雨不漬上沙欲細則潤而酷日不能燥揩前砌側籠晴宿露肥

瘦適宜泥沙順性頓使復生無易於此

泥沙之宜

世稱花木多品惟竹三十九種菊有一百二十種荔有百餘種牡丹九十種皆用一等沙泥惟蘭有差陳夢魚魫黃淨無泥瘦沙肥則腐吳蘭僊霞宜麄細適宜赤沙澆則肥朱李龜山宜由下流聚沙濟老惠知客馬大同大小鄭宜溝壑黑濁何趙蒲許大小張金鋑邊則以赤沙和泥種之自陳八叔

夕陽以下任意用沙皆可須盆面沙燥方可澆肥平常澆水亦如之而澆水特與澆肥異肥以一年三次澆水以一月三次澆大暑又倍之此風植之法

愛養之地

靖節菊和靖梅濂溪蓮皆識物真性蘭性好通風故臺太高衡陽太低隱風前宜向離後宜背坎故迎南風而障北牖蘭性畏近日故地太狹蔽氣太

廣適炎左宜近野右宜依林欲引東陽而避西照炎烈蔭之凝寒曬之蚯蚓盤根以小便去之栌蝇黜葉以油湯拭之摘莠艸去蛛絲一月之內凡數十過迴其側

橘逾淮爲枳貉逾汶則死余每病諸蘭名載外郡取憐貴家既非地土之宜又失蒔養之法久皆化而爲茅故以自得活法貽諸同好君子儻如鄙言則紉爲珮摎爲漿生意日茂奚九畹而止

蘭品之產

陳夢良有二種一紫幹一白幹花色淡紫大似鷹爪排針甚疎壯者二十餘萼葉深綠尾微焦而黃好溼惡淤愛肥惡濁葉半出架而尚抽蘂幾與葉齊而未破昔陳承議得於宮而寄之孫夢良者也棄之鷄柵傍一夕吐花二十五萼與葉俱長三尺五寸有奇人爭寶之曰陳夢魚魫蘭亦名趙蘭十二萼花片澄徹宛若魚魫沉之于水無影可指葉

厲儘綠顛微曲焉此白蘭之珍品

莆陽蘭四明蘭紫蕚蕊花也出晋州

碧蘭始出於莆陽興化郡名龜山院陳沈二仙修行處花有十四五萼與葉齊修葉直而瘦花碧而芳用紅沙種兩水澆之莆中奇品或山面泥和沙亦宜之

翁通判色淡紫壯者十六七蕚葉最修長此泉州之奇品

劍蘭色白而潔味芳而幽葉不甚長只泛二尺許葉綠可愛最怕霜凝日曬則葉尾皆焦愛肥惡淤好溼惡濁清香皎潔勝於漳蘭但葉不如漳蘭修長此南劍之奇品也品第亦多而予尚兼造其妙宜清泥和沙

碧蕙色碧壯者二十餘蕚葉最修長得其所養則蕚修於葉花葉齊色香馥而幽長三尺五寸有餘更有一品而花葉俱短三四寸許愛濕惡燥最怕

烈日曬之不得其本性則腐爛此廣州之奇品也

猗猗孔琴耿耿楚佩百載尚友二人同心孰識箇中趣王進叔蘭本頗意解苟得其養無物不長厭而沃之使自得之便當入室而化此可與有鼻孔者道　桃源戴植謹跋

山谷老人曰幽蘭生於窮巖不爲無人而不芳則蘭繇山中而至人間繇閩而至吾鄉已非其本性既失其性復不知所以護之則蘭

真不幸而人亦何取蓄蘭之名爲近日諸家蘭譜各矜祕法紛然不一有得有失莫知所從讀王弇州先生集稱蘭譜獨宋臨江王進叔爲善余求之累年而不可得頃忽于先人故篋中簡得舊鈔本如獲隋珠和璧喜不能勝讀其書約而不煩分養之法備而得理真大有功於蘭也亟手錄一本寄子晉兄子晉其人如蘭投其契好當即付刻以公同嗜予

更有味乎進叔之言曰蘭君子也夫既見君子我心匪石可不思維持調護之乎進叔又曰薰即蕙草夫薰猶誠不同產矣世乃復以荊棘喻小人然蘭每生棘中畫蘭者亦每畫棘或棘非能妨蘭轉以其芒刺爲蘭護耳山谷亦云蘭比君子蕙比士彼小人猶有知護君子者況士與君子固臭味不遠者耶故余於是蘭譜也尤三致意焉

跋第七行叔下脫本字

崇禎庚午秋仲巴山于鏘跋於媚蘭室中

蘭譜終

海棠譜

（宋）陳　思　撰

《海棠譜》，（宋）陳思撰。陳思，字續芸，生卒年不詳，約生活在南宋理宗時，臨安（今杭州）人。官至成忠郎、國史實錄院秘書省搜訪。後在都城臨安棚北大街開設書肆，開始編書、刻書、售書和藏書。曾編撰刊印《寶刻叢編》《海棠譜》《書苑英華》《小字錄》及《兩宋名賢小集》等。

該書是陳氏『採取諸家雜錄，及彙次唐以來諸人詩句』寫成的，分上、中、下三卷。上卷題爲『叙事』，援引故實，記明出處。其中不僅記錄了歷代名家與海棠的故事，同樣也引用了一些有關於海棠種植的内容。如引用《長春備用》所記載的海棠栽培方法：『每歲冬至前後，正宜移掇窠子，隨手使肥水，澆以盦過麻屑，糞土壅培根柢，使之厚密，才到春暖，則枝葉自然大發，著花亦繁密矣。』中、下卷的内容基本上都是唐、宋諸家的題詠，其中不乏描述、贊美海棠的名篇佳句。

現存版本爲《百川學海》本。今據南京圖書館藏竹書堂仿宋重刊本影印。

（何彦超　惠富平）

海棠譜

高保徵署檢

竹書堂仿宋本重刊

欽定四庫全書總目

海棠譜一卷

宋陳思撰思有寶刻叢編已著錄此書不見於宋史藝文志惟焦竑國史經籍志載有三卷與此本合前有開慶元年思自序上卷皆錄海棠故實中下二卷則錄唐宋諸家題詠而栽種之法品類之別僅於上卷中散見四五條蓋數典之書惟以隸事爲主者然捜羅不甚賅備今以錦繡萬花谷全芳備祖諸書所類海棠事相較其故實似稍加詳而題詠則多闕略如唐之劉禹錫賈島宋之王珪楊繪朱子張孝祥王十朋諸家爲陳景沂所收者此書並未錄及然如張洎程琳宋祁李定之類亦有此書所有而陳氏脫漏者蓋當時坊本各就所見裒集成書故互有詳略以宋人舊帙姑並存之以資參核云爾

海棠譜

錢塘陳思

世之花卉種類不一或以色而豔或以香而妍是皆鍾天地之秀爲人所欽羨也梅花占於春前牡丹殿於春後騷人墨客特注意焉獨海棠一種風資豔質固不在二花下自杜陵入蜀絶吟於是花世因以此薄之其後都官鄭谷已爲舉似（谷詩浣花溪上空惆悵子美無情爲發揚）本朝列聖品題雲章奎畫烜耀千古此花始得顯聞于時盛傳於世矣今採取諸家雜録及彙次唐以來諸人詩句以爲一編目曰海棠譜雖纂集未能詳盡聊預衆譜之列云開慶改元長至日敘

海棠譜卷上

敘事

蜀花稱美者有海棠焉然記牒多所不録蓋恐近代有之何者古今獨棄此而取彼耶嘗聞 眞宗皇帝御製後苑雜花十題以海棠爲首章賜近臣唱和則知海棠足與牡丹抗衡而可獨步於西州矣因搜擇前志惟唐相賈元靖耽著百花譜以海棠爲花中神僊誠不虛美耳近世名儒巨賢發於歌詠淸辭麗句往往而得立慶歷中爲縣洪雅春多暇日地富海棠幸得爲東道主惜其繁豔爲一隅之滯卉爲作海棠記敘其大槩及編次諸公詩句於右復率蕪拙作五言百韻詩一章四韻詩一章附于卷末好事者幸無誚焉（沈立海棠記序）

棠之稱甚衆若詩有蔽芾甘棠又曰有杕之杜又爾雅釋木曰杜甘棠也（郭璞注今之杜梨）杜赤棠白者棠又呂氏春秋果之美者棠實又俗說有地棠棠梨沙棠味如李無核較是數說俱非謂海棠也凡今草木以海爲名者酉陽雜俎云唐贊皇李德裕嘗言花名中之帶海者悉從海外來故知海椶海柳海石榴海木瓜之類俱無聞於記述豈以多而爲稱耶又非多也誠恐近代得之於海外耳又杜子美海椶行云欲栽北辰不可得惟有西域胡僧識若然則贊皇之言不誣

矣海棠雖盛稱於蜀而蜀人不甚重今京師江淮尤競植之每一本價不下數十金勝地名園目爲佳致而出江南者復稱之曰南海棠大抵相類而花差小色尤深耳棠性多類梨核生者長遲逮十數年方有花都下接花工多以嫩枝附梨而贅之則易茂矣種宜墟壤膏沃之地其根色黃而盤勁其木堅而多節其外白而中赤其枝柔密而脩暢其葉類杜大者縹綠色而小者淺紫色其紅花五出初極紅如臙脂點點然及開則漸成纈暈至落則若宿妝淡粉矣其蔕長寸餘淡紫色於葉間或三萼至五萼爲叢而生其蘂如金粟蘂中有鬚三如紫絲其香清酷不蘭不麝其實狀如梨大若櫻桃至秋熟可食其味甘而微酸茲棠之大槩也沈立海棠記

杜子美居蜀累年吟詠殆遍海棠奇豔而詩章獨不及何耶鄭谷詩云浣花溪上空惆悵子美無情爲發揚是已　本朝名士賦海棠甚多往往皆用此爲實事如石延年云杜甫句作略薛能詩未工錢易詩云子美無情甚都官著意頻李定詩云不露工部風騷力猶占句芒造化權獨王荆公詩用此作梅花詩最爲有意所謂少陵爲爾牽詩興可是無心賦海棠末句云多謝許昌傳雅什蜀都曾未識詩人不道破爲尤工也韻語陽秋

東坡海棠詩曰只恐夜深花睡去更燒銀燭照紅妝事見太真外傳曰上皇登沈香亭召太真妃于時卯醉未醒命力士使侍兒扶掖而至妃子醉韻殘妝鬢亂釵横不能再拜上皇笑曰豈妃子醉是海棠睡未足耳冷齋夜話

東坡謫黃州居于定惠院之東雜花滿山而獨海棠一株土人不知貴東坡爲作長篇平生喜爲人寫人間刻石者自有五六本云吾平生最得意詩也古今詩話

韓持國雖剛果特立風節稟然而情致風流絶出時輩許昌崔象之侍郎舊第今爲杜君章所有廳後小

亭僅丈餘有海棠兩株持國每花開輒載酒日飲其下竟謝而去歲以爲常至今故吏尚能言之石林詩話

少游在黃州飲於海橋橋南北多海棠有老書生家海棠叢間少游醉臥宿於此明日題其柱曰喚起一聲人悄衾暖夢寒窗曉瘴雨過海棠開春色又添多少社甕釀成微笑半破癯瓢共舀覺健倒急投牀醉鄉廣大人間小東坡愛之恨不得其腔當有知之者耳冷齋夜話

李丹大夫客都下一年無差遣乃授昌州議者以去家遠乃改授鄂州倅淵材聞之乃吐飯大步往謁李曰誰爲大夫謀昌佳郡也柰何棄之李驚曰供給豐

乎曰非也民訟簡乎曰非也曰然則何以知其佳淵材曰海棠無香昌州海棠獨香非佳郡乎聞者傳以爲笑 墨客揮犀

前輩作花詩多用美女比其狀如曰若教解語應傾國任是無情也動人誠俗哉山谷作酴醾詩曰露濕何郎試湯餅日烘荀令炷爐香乃用美丈夫比之若將出類而吾叔淵材作海棠詩又不然曰雨過温泉浴妃子露濃湯餅試何郎意尤工也 冷齋夜話

仁宗朝張冕學士賦蜀中海棠詩沈立取以載海棠記中云山木瓜開千顆顆水林檎發一攢攢注云大約木瓜林檎花初開皆與海棠相類若冕言則江西人正謂棠黎花耳惟紫綿色者始謂之海棠按沈立記言其花五出初極紅如臙脂點點然及開則漸成纈暈至落則若宿妝淡粉審此則似木瓜林檎六花者非眞海棠明矣晏元獻云已定復搖春水色似紅如白海棠花然則元獻亦與張冕同意耶 復齋漫錄

閩中漕宇修貢堂下海棠極盛三面共二十四叢長條脩幹頃所未見每春著花眞錦繡段其間有如紫綿揉色者亦有不如此者蓋其種類不同不可一槩論也至其花落則皆若宿妝淡粉矣余三春對此觀之至熟大率富沙多此官舍人家往往皆種之並是靑子海棠正與蜀中者相類斯可貴耳今江浙間別

有一種柔枝長蔕顏色淺紅垂英向下如日蔫者謂之垂絲海棠全與此不相類蓋强名耳 苕溪漁隱

吾叔劉淵材曰平生死無恨所恨者五事耳人問其故淵材欲說斂目不言久之曰吾論不入時聽恐汝曹輕易之問者力請乃答曰第一恨鰣魚多骨二恨金橘太酸三恨蓴菜性冷四恨海棠無香五恨曾子固不能詩聞者大笑淵材瞠目答曰諸子果輕易吾論也 冷齋夜話

王介甫梅詩云少陵爲爾牽詩興可是無心賦海棠杜默云倚風莫怨唐工部後裔誰知不解詩曾不若東坡柯丘海棠長篇冠古絕今雖不指名老杜而補亡之意蓋使來世自曉也 碧溪詩話

東風嫋嫋泛崇光香霧霏霏月轉廊只恐夜深花睡去更燒銀燭照紅妝先生常作大字如掌書此詩似是晚年筆劄與集本不同者嫋嫋作渺渺霏霏作空濛故墨跡舊藏秦少師伯陽後歸林右司子長今從墨蹟 吳興沈氏註東坡詩

東坡謫居齊安時以文章遊戲三昧齊安樂籍中李宜者色藝不下他妓他妓因燕席中有得詩曲者宜以語訥不能有所請人皆咎之坡將移臨汝於飲餞處宜哀鳴力請坡半酣笑謂之曰東坡居士文名久何事無言及李宜恰似西川杜工部海棠雖好不吟

詩　詩話總龜

蜀潘炕有嬖妾解愁姓趙氏其母夢呑海棠花蘂而生頗有國色善爲新聲　外史檮杌

黎舉常云欲令梅聘海棠棖子臣櫻桃及以芥嫁筍但恨時不同然牡丹酴醿楊梅枇杷盡爲執友　雲仙散錄

海棠花欲鮮而盛於冬至日早以糟水澆根下　瑣碎錄

李贊皇花木記以海爲名者悉從海外來如海棠之類是也　同前

海棠候花謝結子翦去來年花盛而無葉　同前

眞宗御製後苑雜花十題以海棠爲首近臣唱和　瑣碎後錄

唐相賈耽著百花譜以海棠爲花中神僊　同前

重葉海棠曰花命婦又云多葉海棠曰花戚里　牡丹榮辱志

每歲冬至前後正宜移掇窠子隨手使肥水澆以盦過麻屑糞土壅培根柢使之厚密纔到春暖則枝葉自然大發著花亦繁密矣　長春備用

許昌薛能海棠詩敘蜀海棠有聞而詩無聞　花木錄

南海棠木性無異惟枝多屈曲數數有刺如杜梨花亦繁盛開稍早　同前

黃海棠木性類海棠青葉微圓而色深光滑不相類花半開鶯黃色盛開漸淺黃矣　同前

海棠色紅以木瓜頭接之則色白　長樂志

徐儉樂道隱於藥肆中家植海棠結巢其上引客登木而飲　紺珠集

海棠譜卷上

海棠譜卷中

詩上

海棠　太宗御製

每至春園獨有名天然與染半紅深芳菲占得歌臺地妖豔誰憐向日臨莫道無情閒笑臉任從折戴上冠簪偏宜雨後看顏色幾處金杯為爾斟

海棠　眞宗御製

春律行將半繁枝忽競芳霏霏含宿霧灼灼豔朝陽戲蝶棲輕蘂遊蜂逐遠香物華留賦詠非獨務雕章

又　同前

翠萼淩晨綻清香逐處飄高低臨曲檻紅白間纖條

潤比攢溫玉繁如簇絳綃盡堪圖畫取名筆在僧繇

會僚屬賞海棠偶有題詠　光宗御製

濃淡名花產蜀鄉半含風露浥新妝嬌嬈不減舊時態誰與丹青為發揚

觀海棠有成　同前

東風用意施顏色豔麗偏宜著雨時朝詠暮吟看不足羨他逸蝶宿深枝

唐薛許昌能　海棠詩并序

蜀海棠有聞而詩無聞杜工部子美於斯有之矣得非興象不出沒而有懷何天之厚余獲此遺遇僅不敢讓用當其無因賦五言一章二十句學陳梁之紫姸漢魏之朱不以彼物擇其功不以陳言踵其趣或其人之適此有若韓宣子者風雅盡在蜀矣吾其庶幾又花植於府之古營因刻貞石以道吾黨將來君子業詩者苟未變於道無賦耳咸通七年十二月二十三日敘

酷烈復離披玄功莫我知青苔浮落處暮柳閒開時醉帶遊人插連陰彼叟移晨前清露濕晏後惡風吹香少傳何計姸多畫半遺島蘇連水脈庭綻雜松枝偶泛因沉硯閒飄欲亂棊遶山生玉壘和郡徧坤維負賞慚休飲牽吟分失饑明年應不見留此贈巴兒

又七言

四海應無蜀海棠一時開處一城香晴來使府低臨檻雨後人家散出墻閒地細飄浮淨蘚短亭深綻隔垂楊從來看盡詩誰苦不及懽遊與畫將

海棠　鄭谷

春風用意勻顏色銷得攜觴與賦詩濃麗最宜新著雨嬌嬈全在欲開時莫愁粉黛臨窗懶梁廣丹青點筆遲朝醉暮吟看不足羨他蝴蝶宿深枝

蜀中賞海棠

濃淡方春滿蜀鄉半隨風雨斷鶯腸浣花溪上空惆悵子美無情為發揚杜工部旅蜀詩集中無海棠之題

擢第後入蜀經羅利路見海棠盛開偶題　鄭谷

上國休誇紅杏豔沉溪自照綠苔磯一枝低帶流鶯睡數片狂和舞蝶飛堪恨路長移不得可無人與畫將歸手中已有新春桂多謝煙香更入衣

奉和　眞宗御製後苑雜花海棠　晏樞相殊

太液波才綠靈和絮未飄霞文光啟旦珠琲密封條積潤涵仙露濃英奪海綃九陽資造化天意屬喬繇

同和　劉內翰筠

遲景烘初綻鮮風惜未飄蝶魂迷密徑鶯語近新條

芳蕙薰宮錦丹漿暈海綃惟時奉宸唱賡惟愧咎繇

海棠　晏樞相

輕盈千結亂櫻蕚占得年芳近碧櫳逐處間勻高下蕚幾番分破淺深紅煙晴始覺香纓綻日極猶疑蠟蔕融數夕朱欄未飄落再三珍重石尤風

又

杳靄何驚目鮮妍欲蕩魂向人無限思當晝不勝繁浩露晴方浥遊蜂暖更喧只應春有意留贈子山園

又

昔聞遊客話芳菲濯錦江頭幾萬枝縱使許昌詩筆健可能終古絕妍辭

又

濯錦江頭樹移根藥砌中只應春有意偏與半妝紅

和樞密侍郎因看海棠憶禁苑此花最盛　晏樞相

靑瑣曾留眄珍藂宛未移幸分霖雨潤猶見豔陽姿岸幘來朱檻攀條憶絳蕤能令人愛樹不獨召南詩

又　郭待制稹

朱欄明媚照横塘芳樹交加枕短墻傳得東君深意態染成西蜀好風光破紅枝上仍施粉繁翠陰中旋撲香應爲無詩怨工部至今含露作啼妝

又　石學士延年

君看海棠格羣花品詎同嬌嬈情自富蕭散豔非窮舊轂斑吳苑梅羅碎蜀宮錦窠杯裏影繡段隙前烘心亂香無數莖柔動滿叢意分巫峽雨腰細漢臺風盛若霞藏日鮮於血灑空高低千點赤深淺半開紅妝指朱纔布膏脣檀更融色焦無可壓體瘦不成豐枝重輕浮外苞疏密鬧中難勝蜂不定易入蝶能通

蜀地海棠繁媚有思加賦詠豐條苒弱可愛北方所未見諸公作詩流播西人予素好玩不能自默然所道皆在前人陳迹中如國風申章亦無媿云　宋景文公

蜀國天餘煦珍葩地所宜濃芳不隱葉併豔欲然枝褭影分羣萼均霞點萬糚回文錦贰後夾煎燎烘時蜂蘂迎銜密鶯梢向坐危淺深雙絕態啼笑兩妍姿絳節排煙埭丹釭落帶垂童容鄣畏薄便面到憂遲媚日能徐照暄風肎遽吹（蜀少疾風故花愈盛）惜歡當晼晚留恨付離披麗極都無比繁多僅自持損香饒麝柏照影欠瑤池畫要精侔色歌須巧騁辭舉樽頻語客細擿玩芳期

和晏尚書海棠

媚柯攢仄倚春暉封植盆同北枳移（花自西蜀流種而穠麗不變）台嶺分霞爭抱萼蜀宮裁錦鬬纏枝不憂輕露蒙時

潤正恨炎風獵處危把酒凭欄堪併賞莫容私恨爲披離

海棠

西域流根遠中都屬賞偏初無可並色竟不許勝妍薄暝霞烘爛平明露濯鮮長衾繡作地密帳錦爲天（吳人語帟覆爲帳天）淺影才欹檻柯横欲照筵愁心隨落處醉眼著繁邊的的誇妝靚番番恃笑嫣何嘗見蘭媚要是掩櫻然豔足非他譽香輕且近傳所嗟名後出遺載楚臣篇

又（三首並同前）

萬萼霞乾照曙空向來心賞已多同未如此日家園樂數偏繁枝袞袞紅

暮春月内署書閣前海棠花盛開率爾七言八韻寄長卿諫議　張洎

去歲海棠花發日曾將詩句詠芳妍今來花發春依舊君已雄飛玉案前驟隔清塵樞要地獨攀紅蘂豔陽天疏枝高映銀臺月嫩葉低含綺閣煙花落花開懷勝賞春來春去感流年清辭早綴巴人唱妙翰猶緘蜀國牋共仰壯圖方赫耳自嗟衰鬢轉皤然因憑鶯蝶傳消息莫忘蓬萊有病僊

海棠　程琳

海外移根灼灼奇風情閒麗比應稀晶瑩寶萼排珠琲旖旎芳叢簇繡帷繁極只愁隨暮雨飄多何計駐

春暉浣花溪上年年意露濕煙霞拂客衣

海棠　學士李定

青帝行春信自專精心知向海棠偏不露工部風騷力猶占句芒造化權倚檻半開紅朵密遶池初應翠枝連誰人與拔栽瓊苑看與花王鬬後先

海棠　著作石揚休

化工裁翦用功專濯錦江頭價最偏酷愛幾思憑畫手難題渾覺挫詩權豔凝絳纈深深染樹認紅綃密密連因想當年武平一枝枝眷賜侍臣先

海棠　直講范鎮

不知眞宰是誰專生得韶光此樹偏吟筆偶遺工部
意賦辭今識翰林權風翻翠幕晨香入霧照疤墻夕
影連移植上園如得地芳名應在紫薇先

又　　　　　石揚休

開盡天桃落盡棃淺葩深蕚照華池都緣西蜀盤根
遠豈是東君屬意遲煙慘別容曛宿酒露凝啼臉失
臙脂須知賈相風流甚留許神僊品格奇

和　　　　　學士李定

輕紅如杏素遮棃直似佳人照碧池已是化工教豔
絕莫嫌青帝與開遲煙滋綽約明雙臉雨借天饒入
四脂西蜀有名須得地瓊林高壓百花奇

和燕龍圖海棠　　　　　推官楊諤

西漢欺盧橘東陽愛野棠許昌奇此遇子美欠先揚
杜宇三春豔蠶叢一國香燕脂點亂雨猩色麗斜陽
富豔東君飾暄妍白帝方錦樓祈水色玉壘換山光
風格林檎細要支郁李長天生笑容質時樣舞衣裳
少吐深深染全開淡淡妝煙媒護綠帶風陣損朱房
旋失因臨水開飄弗過墻佩亡愁殺甫簪脫即連姜
蝶舞菱花照鶯啼罨畫堂僊如弄玉少墜似綠珠常
不見還成悔相思幾欲狂春深濯錦水日晩浣沙坊
臥對移簾押吟看近筆牀池清滿園倒鳥起一枝昂
紫燕銜泥急黃蜂趁蜜忙化工眞用意銷得與攜觴

海棠　　　　　殿丞高惟幾

故國庸岷外孤根楚苑中使梅休妬白僊杏已饒紅
旋恐陽城破尋憂下蔡空幾時夢巫峽獨立怨春風

海棠　　　　　高覿

錦里花中色最奇妖饒天賦本來稀綺霞忽照迷紅
障縠露輕籠設翠幃繁朵有情妝媚景纖枝無力帶
殘暉好將繡向羅裙上永作香閨楚楚衣

海棠　　　　　淩景陽

名園封植幾經春露濕煙梢畫不眞多謝許昌傳雅
什蜀都曾未識詩人

海棠　　　　　學士張冕

海棠栽植偏塵寰未必成都欲詠難山木瓜開千顆
顆水林檎發一攢攢大約木瓜林檎花初發皆與海棠相類但花稀而葉而惟山木瓜水林檎尤似山木瓜揚州有之楂木叢也
初疑紅豆爭頭綴忽覺燕脂
眾手丸西蜀僧家根撥小南荊官舍樹支寬高穿羣
木無因蔽平倚危樓最好看十畝園林渾似火數方
池面悉如丹錦袍萬丈仍連袂白傅珠被齊光更合
歡楚詞風娟細腰妝正罷楚宮露晞銅雀淚新乾晨
曦遠借彤雲暖秋魄微侵甲帳寒會讌豈勞供幄幕
探香應見費龍檀穠燒游女青絲髮殷染妖姬白玉
冠賓席半移隈茜綏使車多縶簇雕鞍層層排朵縈
飛蝶密密交柯宿翠翰詩客早慚矜鏤管畫工誰敢

銜霜秫本期相伴千場醉可忍輕邀百卉殘川路向
移隨迅瀨蓄船猶折出長瀾飄零絳雪深盈尺收拾
晴霞散結團時去獨應賢者識色空前有達人觀譜
爲僊子終須美花譜似海棠爲神僊王禹偁海棠詩序實作寒梅況不
酸寒梅事具序中五六年來離別恨春宵頻夢石臺盤荊王石臺盤在後園海棠林下至今存焉

西園海棠

丹葩翠葉競妖濃蜂蝶翩翩弄暖風濯雨正疑宮錦
爛媚晴先奪曉霞紅芬非麝外從來勝歡賞天涯爲
爾同卻想鄉關足塵土只應能見畫圖中

英韶在前徒矜下里之曲風雅未喪豈繫擊

轅之音不圖綴綺靡之辭抑將導敦厚之旨
耳海棠雖盛於蜀人不甚貴因暇偶成五言
百韻律詩一章四韻詩一章附于卷末知我
者無加焉　沈立

岷蜀地千里海棠花獨妍萬株佳麗國二月豔陽天
叢萼勻如布修莖巧似編形雲輕點綴赤玉碎雕鐫
瑟瑟光輸瑩猩猩血借鮮淺深相向背疏密遞句韋
輕蒨重重染丹砂細細研蘂纖金粟拱鬚嫩紫絲拳
紅蠟隨英滴明璣著顆穿初莖爭裊娜翹幹共蹁躚
絕代知無價生香不滅箋分靈應桂苑鍾粹定星躔
木帝經邦相花王入室賢祥飆加剪拂卿靄共陶甄
眞宰陰推轂句芒與著鞭不須憂薄命好爲惜流年
贊翼施生柄扶持煦嫗權主張韶令正調燮淑威宣
和氣高低洽芳心次第還金釵人十二珠履客三千
雲雨迷巫峽風波怨洛川姸婷宜住楚妖冶合居燕
繡被通宵展華燈徹曙燃橫披前檻外半出假山巔
暗羨遊蜂採偷輸蟻穴沿瘦嫌珊網織柔怯女蘿纏
蓄恨憑誰訴無言只自憐文君酒壚伴楊子草堂前
品格生來別風流到老全繁中生悵望衆裏見喧闐
暄暖精神出晴明意態便關關鶯對語兩兩燕高騫
天上宜封殖人閒偶仡延共櫻圍刖館與杏擁斜阡
清曉簾爭卷黃昏幕尚褰低籠金轆轤高映畫鞦韆

忽認梁園妓深疑閬苑仙息息來蕙圃遠遠別芝田
羞隱瞋濛霧輕如淡蕩煙乍逢開羽扇初喜下雲軿
髣髴同星曆依稀帶翠鈿五銖衣宛轉七寶帳翩翾
獨立挨霓節成行列彩旃困宜欹虎枕步好襯金蓮
舞定休回袖妝濃不傳鉛蓋張松鬱鬱茵藉草芊芊
馥郁蘭供夢扶疏柳伴眠軀輕彌綽約腰細更便嬛
婭姹常顰若幽柔自洒然侍兒羅白芷婢子列芳荃
口口濃檀注顒顒薄粉塡解圍施葉幄買笑有榆錢
旖旎環瑤席婆娑匝玳筵嬌依屏曲曲泣對露涓涓
南陌輕埃蔽東郊夕照連幾時休縹渺從此識嬋娟
是處遺簪珥誰家不管絃妬姬貪恐失戲稚惜何顛

折閃搔頭褪擎擬約腕揎戴遮鬢上鳳裝壓鬢邊蟬
汲引新懽聚消磨宿恐觸縱觀須倒載命宴必加籩
翻曲教歌姬更詞送酒船鄉心須暫解病眼當時痊
迢遞來油壁從容住錦韉雅宜交讓比穠與棣華聯
不憤參朱槿寧甘混木緜酴醾潛失色躑躅敢差肩
素柰思投迹夭桃恥備員梧桐愧金井芍藥濫花磚
併壓辛夷俗潛排寶馬蔫天恩無久恃人寵莫長專
布影交三徑敷榮遍一廛凝眸方睢睢迴首旋翩翩
可忍驚飇挫胡煩急景煎珊瑚隨手碎絳雪繞枝旋
拂漢霞初散當樓月自圓飄零隨蛺蝶散亂逐漪漣
灼灼龜城外亭亭錦水邊抱愁應慘蹙有淚卽潺湲

午影迷蝴蝶朝寒怨杜鵑物情元倚伏人意莫拘攣
擢秀高羣木稱珍極八埏未開獨脈脈憂落固悁悁
別著新文紀重尋舊譜箋共知紅豔好誰辨赤心堅
實事陪朱李根宜灌醴泉栽須憐竹柏樹莫遶烏鳶
恥託膏腴茂當隨富貴遷爲多猶底滯因遠尚迍邅
客思易成亂心期未省悛畫思摩詰筆吟稱薛濤牋
醉目休頻送詩情豈易緣薛能誇麗句鄭谷賞佳篇
止感芳姿美那憐託地偏山經猶罕記方志未多傳
巧詠憂才竭冥搜得意滇遐陬寡眞賞僻境忍輕捐
抽祕慚非據採奇敢讓先援毫敘名卉聊用放懷焉

又

占斷香與色蜀花徒自開園林無卽俗蜂蝶落仍來
青帝若爲意東風無限才古今吟不盡百韻愧空裁

海棠譜卷中

海棠譜卷下

詩下

商山海棠　王元之

錦里名雖盛商山豔更繁別疑天與態不稱土生根淺著紅蘭染深於絳雪噴待開先釀酒怕落預呼魂香裏無勍敵花中是至尊桂須辭月窟桃合避僊源浮動冠頻側霓裳袖忽翻望夫臨水石窺客出墻垣贈別難饒柳忘憂肎讓萱輕輕飛燕舞脉脉息嬀言蕙陋虛侵逕藜凡浪占園論心留蝶宿低面厭鶯喧不忝神僊品（好事者作花品以此爲神僊）何辜造化恩自期栽御

苑誰使擲山村綺季荒祠畔僊娥古洞門煙愁思舊夢雨泣怨新婚畫恐明妃恨移同卓氏奔祇教三月見不得四時存繡被堆籠勢燕脂浥淚痕試車春未去應得伴芳樽

別堂後海棠　同前

一堆紅雪媚青春惜別須教淚滿巾好在明年莫憔悴校書兼是愛花人（此花余去後是推官王校書移入）

題錢塘縣羅江東手植海棠　王元之

江東遺跡在錢塘手植庭花滿縣香若使當年居顯位海棠今日是甘棠

寓居定慧院之東雜花滿山有海棠一株土人不知貴也　東坡

江城地瘴蕃草木只有名花苦幽獨嫣然一笑竹籬間桃李漫山總麄俗也知造物有深意故遣佳人在空谷自然富貴出天姿不待金盤薦華屋朱脣得酒暈生臉翠袖卷紗紅映玉林深霧暗曉光遲日暖風輕春睡足雨中有淚亦悽愴月下無人更清淑先生食飽無一事散步逍遙自捫腹不問人家與僧舍拄杖敲門看脩竹忽逢絕豔照衰朽歎息無言揩病目陋邦何處得此花無乃好事移西蜀寸根千里不易到銜子飛來定鴻鵠天涯流落俱可念爲飲一樽歌此曲明朝酒醒還獨來雪落紛紛那忍觸

海棠　前人

東風嫋嫋泛崇光香霧霏霏月轉廊只恐夜深花睡去高燒銀燭照紅妝

遊海棠西山示趙彥成　邵康節

東風吹雨過溪門白白朱朱亂遠村灘石已無回棹勢岸楓猶出繫船痕時危不厭江山僻客好惟知笑語温莫上南岡看春色海棠花下卻銷魂

海棠　韓持國

濯錦江頭千萬枝當來未解惜芳菲而今得向君家見不怕春寒雨濕衣

在禁林時有懷荆南舊遊　元厚之

去年曾醉海棠叢，聞說新枝發舊紅。昨夜夢回花下飲，不知身在玉堂中。

海棠　洪覺範

酒入香顋笑不知，小妝初罷醉兒癡。一株柳外墻頭見，卻勝千叢著雨時。

海棠　崔德符

渾是華清出浴初，碧綃斜掩見紅膚。便教桃李能言語，要比嬌妍比得無。

海棠并序　梅聖俞

道損司門前日過訪别，且云計程二月到郡，正看暗惡海棠，頗見太守風味，因為詩以送行

蜀州海棠勝兩川，使君欲賞意已猛。春露洗開千萬林，燕脂點素攢細梗。朝看不足夜秉燭，何暇更尋桃與杏。青泥劍棧將度時，跨馬莫辭霜氣冷。

海棠　同前

江燕入朱閣，海棠繁錦條。醉生燕玉頰，瘦聚楚宫腰。曾不分香去，尤宜著意描。誰能共吹笛，樹下想前朝。予嘗於宋宣獻宅見圖畫明皇於海棠花下臥吹觱篥，寧王吹笛，黃幡綽拍

又

要識吳同蜀，須看線海棠。燕脂色欲滴，紫蠟蔕何長。夜雨偏宜著，春風一任狂。當時杜子美，吟徧獨相忘。

海棠　王荆公

綠嬌隱約眉輕掃，紅嫩妖嬈臉薄妝。巧筆寫傳功未盡，清才吟詠興何長。

移岳州去房陵道中見海棠　張芸叟

馬息山頭見海棠，羣僊會處錦屏張。天寒日晚行人絕，自落自開還自香。

和何靖山人海棠　文與可

為愛香苞照地紅，倚欄紅日對芳叢。夜深忽憶南枝

好，把酒更來明月中。

晁二家有海棠，去歲花開，晁二呼杜卿家小娃歌舞花下痛飲。今春花開，復欲招客，而杜已出守，戲以詩調之　張文潛

頗疑蜂蝶過鄰家，知是東墻去歲花。駿馬無因迎小妾，鵾夷何用强隨車。

雨中對酒庭下海棠經雨不謝

陳參政與義

巴陵二月客添衣，草草杯盤恨醉遲。燕子不禁連夜雨，海棠猶待老人詩。天翻地覆傷春色，齒豁頭童祝聖時。白竹籬前湖海闊，茫茫身世兩堪悲。

陪粹翁舉酒於君子亭亭下海棠方開　同前

世故驅人殊未央聊從地主借繩牀春風浩浩吹游子暮雨霏霏濕海棠古國衣冠無態度隔簾花葉有暉光使君禮數能寬否酒味撩人我欲狂

和冬曦海棠　程金紫　敦厚

花中名品異人重比甘棠苞嫩相思密紅深琥珀光好風傳馥郁凡卉愧芬芳爛漫雲成瑞葳甤女有嫱生來先蜀國開處始朝陽賞即笙歌地題稱翰墨場煙霞容易散蜂蝶等閒忙誰是多情侶欄邊重舉觴

今朝秋氣蕭瑟不意海棠再開因書二絶期

好事者和　同前

曾逐狂飆取意飛一時春色便依稀舊叢還有香心在卻被西風管領歸

露濕燕脂淚臉寒獨將幽恨倚闌干精神不比籬邊菊莫把尋常醉眼看

雨中海棠

玉腮紅輕不耐寒無端風雨苦相干曉來試卷珠簾看蔌蔌飛香滿畫欄

惜海棠開晚　同前

今年春色可勝嗟二月山中未見花長憶去年今夜月海棠花影到窗紗

海棠　僧如壁

賣花擔上爭桃李頓使春工不直錢莫怪海棠不受折要令雲鬢絶塵緣

江左謂海棠爲川紅　吳中復

靚妝濃淡蘂蒙茸高下池臺細細風卻恨韶華偏蜀土更無顏色似川紅尋香只恐三春暮把酒欣逢一笑同子美詩才猶閣筆至今寂寞錦城中

海棠　劉子翬

幽姿寂態弄春晴梅借風流柳借輕種處靜宜臨野水開時長是近清明幾經夜雨香猶在染盡燕脂畫不成詩老無心爲題拂至今惆悵似含情

海棠　郭震

又隨桃李一時榮不逐東風處處生疑是四方嫌不種教於蜀地獨垂名

海棠

西蜀傳芳日東君著意時鮮葩猩薦血紫萼蠟融脂絳闕疑流落瓊欄合護持無詩任工部今有省郎知

和東坡海棠　趙次公

露溼熹微帶曉光枝邊燦煥映回廊細看素臉元無玉初點燕脂駐靚妝

和東坡定惠院海棠　同前

化工妙手開羣木酷向海棠私意獨殊姿豔豔雜花

裏端覺神僊在流俗睡起燕脂懶未勻天然膩理還
豐肉繁華增麗態度遠婀娜含嬌風韻足豈唯婉孌
形管姝真同窈窕關雎淑未能奔往白玉樓要當貯
以黃金屋故雖風煖欲黃昏脈脈難禁倚脩竹可憐
俗眼不知貴空把容光照山谷此花本出西南地李
杜無詩恨遺蜀高才沒世孰雕龍後輩補亡難刻鵠
貂裘季子客齊安相逢忽慰羈人目當年甫白君可
繼為花重賦陽春曲把酒因澆壘磈胷搜句輒傾空
洞腹多情恐作深雲收兒童莫信來輕觸

康肅吳公芾

海棠元自有天香底事時人故謗傷不信請來花下

坐惱人鼻觀不尋常

和澤民求海棠　同前

君是詩中老作家笑將麗句換名花花因詩去情非
淺詩為花來語更嘉須好栽培承雨露莫令憔悴困
塵沙他年爛漫如西蜀我欲從君看綺霞

見市上有賣海棠者悵然有感　同前

連年蹤跡滯江鄉長憶吾廬萬海棠想得春來增絕
麗無因歸去賞芬芳偶然擔上逢人賣猶記樽前為
爾狂何日故園修舊好賸燒銀燭照紅妝

和陳子良海棠四首　同前

春來人物盡熙熙紅紫無情亦滿枝正引衰翁詩思
動舉頭那更得君詩

花開春色麗晴空惱我狂來只遶叢試問妖嬈誰與
比一株勝卻萬株紅

雨後花頭頓覺肥細看還是舊風姿坐餘自有香芬
馥不許凡人取次知

十年栽種滿園花無似茲花豔麗多已是譜中推第
一不須還更問如何

寄朝宗　同前

海棠已試十分妝細看妖嬈更異常不得與君同勝
賞空燒銀燭照紅光

所思亭海棠初開折贈兩使者　張栻

未須比擬紅深淺更莫平章香有無過雨夕陽樓上
看千花容有此膚腴

東風著物本無私紅入花梢特地奇想得霜臺春思
滿一枝聊遣博新詩

黃海棠　洪适

漢宮嬌半額雅淡稱花僊天與溫柔態妝成取次妍

垂絲海棠　同前

脈脈似崔徽朝朝長看地誰能解倒懸扶起雲鬟墜

次韻陸務觀海棠　文簡程公大昌

喚回殘睡强矜持淺破朱脣倚笛吹千古妖妍磨不盡長隨春色上花枝

題苦竹寺海棠洞　相山王之道

翠袖朱脣一笑開倚風無力競相偎陽城豈是僧家物端恐齊奴步障來

海棠　陸游

誰道名花獨故宮（謂故蜀燕王宮）東城盛麗足爭雄横陳錦幛闌干外盡吸紅雲酒醆中貪看不辭持夜燭倚狂直欲擅春風拾遺舊詠悲零落瘦損腰圍擬未工（老杜不應無海棠詩意其失傳爾）

又

十里迢迢望碧雞一城晴雨不曾齊今朝未得平安報便恐飛紅已作泥

又

蜀地名花擅古今一枝氣可壓千林譏彈更到無香處常恨人言太刻深

張園觀海棠　同前

朝陽照城樓春容極明媚走馬蜀錦園名花動人意嚴妝漢宮曉一笑初破睡定知夜宴歡酒入妖骨醉低髮羞不語困眼嬌欲閉雖豔無俗姿太息眞富貴結束吾方歸此别知幾歲黄昏廉纖雨千點裛紅淚

夜宴賞海棠醉書　同前

便便癡腹本來寬不是天涯强作歡燕子歸來新社雨海棠開後卻春寒醉詩落紙詩千首歌費纏頭錦百端深院不聞傳夜漏忽驚蠟淚已堆盤

病中久止酒有懷成都海棠之盛　同前

碧雞坊裏海棠時彌月兼旬醉不知馬上難尋前夢境樽前誰記舊歌辭目窮落日横千嶂腸斷春光把一枝説與故人應不信茶煙禪榻鬢成絲

春晴懷故園海棠　楊萬里

故園今日海棠開夢入江西錦繡堆萬物皆春人獨老一年過社燕方回似青如白天濃淡欲墮還飛絮往來無那風光餐不得遺詩招入翠瓊杯

張子儀太守折送秋日海棠　同前

新樣西風較劣些重陽還放海棠花春紅更把秋霜洗且道精神佳不佳

木蕖籬菊總無光秋色今年付海棠爲底夜深花不睡翠紗袖上月如霜

海棠譜卷下

缸荷譜

（清）楊鍾寶　撰

《缸荷譜》，（清）楊鍾寶撰。楊鍾寶，字瑶水清，上海縣（今上海市）人。

該書是中國古代唯一一部荷花專著，記述缸荷的品種和樹藝技術。自序題嘉慶戊辰（一八〇六），本書大約也編撰於此時。

本書共一卷，由序、自序、題詞、譜、藝法六條五個部分組成。記載荷花品種三十三個，包括單瓣十大種，重臺一種，千葉九大種，單瓣七小種，千葉六小種，每種都有叙説。如『單瓣十大種』，作者列舉小圓尖瓣、朱家大紅、杭州大紅等十種蓮花，並對每種蓮花命名源起、形態色澤、品種地位進行了判斷和論述。如朱家大紅：『瓣圓而橢。色亞於朱紅，而花倍大，茄倍高。蓋池種也，屈其性就缸，觸時怒發，繞節生花，藕環一匝，則不復花矣，不似池中之秋後猶花也。』尤其值得注意的是『藝法六條』，出秧、蒔藕、位置、培養、喜忌、藏秧，涵蓋了荷花喜光好溫、擇種、營養、整枝、水分、開花六個方面的生理生態，對研究古代荷花種植技術具有重要參考價值。

現存版本爲清光緒年間《農學叢書》本，另有《藝海一勺》本。今據《中國本草全書》本影印。

（何彦超　惠富平）

瓨荷譜序目

原夫藕之爲花也濂溪愛之而不言其色言其色者曰紅曰白而已不聞有輕紅淡白淺碧深紫之紛然也不聞有重臺單瓣千葉雙頭之犁然也其爲名也曰蓮曰荷曰芙曰茄曰水芝曰澤芝曰水白曰水華曰水旦曰水芸曰芙蓉曰芙蕖曰菡萏然即物而異其名非判其種於名也其花也於江於湖於池於沼不聞若罌若盆若盌若瓨皆花也花之蒔於瓨也自紅白九種始然頗多習見人亦不甚珍愛有買於揚歸者出敝小瓷盆示客孥擘碧月香泛霞杯弱態豐容掩映於綃簾棐几間人競以銀錢市豔買又故昂其值亦時出其值以醉客顧客其種種必殘其餘王戌錢李懼人之有我有也久之種亦漸廣嗇花傭又爭致其所無或謂小種皆子出故不敢年遂得三十餘種撑夏涉秋間庭曲院叅如流綺展琉璃之簟倚水精之簾露香花韻沁骨侵肌不必盪槳泝流求清涼世界也因爲之按種徵名詳品辨色與夫蒔藏秧燥濕肥瘦之得法得宜一一次序而譜之寔與洛陽之牡丹廣陵之芍藥並華其美然稽諸古則南海有睡蓮滄州有金蓮樂遊有嘉蓮敢鹿山有飛來蓮鈎仙池有分香蓮琳池有分枝荷僊池有四季荷證諸今則越有傲霜蓮粤有五色蓮遼海有墨蓮金川有雪蓮烏得以耳目之所及遂以盡天下之奇耶他日之修花史者有以廣

我所未逮而亟爲李九疑王敬美王康節之功臣也可目如左嘉慶十三年歲次戊辰閏五月上海楊鍾寶識

目錄

缸荷譜

上海楊鍾寶著

單瓣十大種

硃砂大紅　大紅種類甚繁畧舉四種已盡其槪　小圓尖瓣爍若丹霞明於火齊雖經宿不淡故蓮之

大紅爲群花之領袖硃紅尤爲大紅之領袖

朱家大紅　瓣圓而稍色亞於硃紅而花倍大葉倍高蓋池種也屈其性就缸䦨時

怒發繞節生花蔫環一市則不復花矣不似池中之秋後猶花也

杭州大紅　花樣同砂紅但色不逮耳發莖不高可以小缸蒔之惜葉大不得儷諸

小種然秋後猶花爲紅十八瓣之殿

嘉興大紅　瓣圓色淺人以桃紅呼之然黯淡無精彩置之諸品中非其倫矣

綠放白蓮　種不知其所由來但蒔之者恒數年不得一花丙寅夏始於江壖僧舍

見之謂是遼陽蓮菂所出六葉一花花十八出葉深碧而多皺花後不更花明年

折而兩之亦不花足見此種見花之難

粉放白蓮　白十八瓣之見珍於時也猶之千金市駿請從隗始一時不招而至者

兩種皆疏秀明淨極瀟洒之致其葉淡碧而有白光其花繁且早其蕊畧如傅粉

其開也明瑩澈無瑕微紅盡斂矣

一捻紅大小二種　傳者謂內人曉起印臙脂於花上遂以命名種類不一疏節者易花密者難花葉肥碧滑膩不留手初出絕似紫芽蘆花如瑩玉而紅潤或如桃花顏面容光煥發雖銀紅之艷冶大水紅之丰韻無以過也有十三瓣者爲吳下種不如甚遠

銀紅大小二種　小種濃厚似優於大種然大種能屈信如人意隨其受器之大小作花尤可喜也

大水紅大小二種俗名楊桃　厥種傳自崇川近得吳下小種如玻璃琖盛薔薇露玲瓏透澈獨覺風流第小種可縱之使大而大種不能約之使小物相類而相反也

淡水紅俗名妃白　亦艷冶亦丰韻舊以妃白名失之俚故易之

重臺一種

白蓮　綠放粉放而外有單臺白蓮宛然綠放也及開後諦視蓋單瓣而中攢數小瓣剏開生面甚爲可珍

千葉九大種

蜜鉢大小二種　其色蜜其形鉢洵千葉中之絕品也凡千葉初放類美滿可觀迨其將

落首如飛蓬不免障眼惟此花忽然解脫殆無此嫌

大白　花肥葉大色茂香濃以匹大紅足爲群芳長

小白　瘦於大白而深静過之蓋蜜缽之流亞也花瓣彎環廻抱不欲以房示人頗耐風日雖經三宿猶圓如滿月

小小白　視小白尤小然不列於小種呼之曰小小白葉古可愛莖直如矢任風雨不作俯仰態

小桃紅大小二種　穠而不妖麗而不俗百日間花不暫歇

錦邊大小二種　質白朱絲遶之細如縱錦花最勤

洒金大小二種　或疎或密或淡或濃花繁盛一缸可得十餘朶入秋色愈妍或紅白平分無纖毫錯襍尤奇

蓮臺青紅白三種　此花有青有紅有白瓣最繁密

佛座蓮並頭品字四面附一名剝蓮　有心無房開必以手之自然之趣然耐久一花可七八日初如露桃漸如艷粉漸如牡丹宿雨而心現頭垂矣厥種凡四繁名於心曰並頭曰品字曰四面皆其類也

鬧瓣七小種　一捻紅銀紅大水紅説見大種

六紅　大如簷蔔色嫩花柔與小白蓮小水紅小捻紅小銀紅小大水紅小蜜鉢銀紅鉢小小桃紅小酒金小錦邊並美

綠放圓瓣小白蓮　與綠放大種絕相似而不似大種之不易花有一種逸情遠致

粉放尖瓣小白蓮　小花小葉尤小於小水紅多塌荷少擎荷花從塌荷出絕似今之午時蓮

小水紅　吾鄉之有小水紅自維揚賈客始越數年而又畢瓣焉與千葉兒類而質殊珠圓玉潤秀色可餐

千葉六小種　瓷鉢小桃紅酒金錦邊詎見大種

小水紅　小水紅以別於大水紅爾才指大花罇花揷盌瑛之屬可隨意蒔之莖抽數寸即花花如脂盒流媚動人間有蒔以大缸者殊不似花意且不以巢約之更饒風趣

銀紅鉢一名小青臺　不以色貴以品貴繼蜜鉢之宗風者有銀紅鉢焉開則恆斂而不泛落則頃刻皆空絕不留滯

藝法六條

出秧　春分後風日晴暖稭地以草覆缸其上徐以手出之勿傷其藕滿屈如環旋

上者爲頭秧二三節間橫出一小藕者爲二秧三秧截之可以分蒔無岐出者不可截也節間嫩芽謂之蕻亦謂之竄頭蓮藕所自起也藕梢之無節者謂之絲難蒔不花可棄之選秧之法審其藕色明淨竄頭鮮潤爲佳一秧得二三竄頭無不花矣

蒔藕　出秧後各爲標識毋亂其種旋出旋蒔勿逾三日缸底置金花菜少許實以黄泥搗之必堅鬆則易泛納秧以河泥涸淨覆之或先和糞泥入缸底更佳亦有但用河泥者各從其意可也蒔後曬令龜拆而後注以河水遇驟雨宜蓋藏否則隨傾勿使涼氣侵逼此蒔藕之大畧也

擇向陽隙地列几安缸或累磚以承之勿逾二三尺必高下錯落使陽光易透顏色相間瀕海多颶風風作急置於地受風微無摧折之患誤移入室藥必萎小種雖足供几席清賞然愛日之性與大種無別故朝入必晝出晝入必朝出供玩者當喻其意

培養　荷錢乍浮受水宜淺所以承陽光也葉高約之以架多則芟其沉者而勿芟其傍花之葉蓋花附葉而生花未透葉夜必轉側以讓花如使飲露然葉及花人當愛護花之葉暑酷花渴頻以河水灌之梅雨多製回龍以洩之截蘆通節剖合稍偏合二管如

八字密編其縫置缸瓶之水立盡河水溫天水涼物性之愛憎然也河水與天水合生蛣蟲如蛆附莖葉間以淨筆蘸水去之膏肥之法以隔年糞汁爲上次則蟚蜞然性熱易致焦灼宜候雨天或注水令滿方可其他如生豆汁如牛皮膠如石硫黃或性烈或性滯雖可用然不若隔年糞汁之力厚功倍且令水澄如鏡之沁入心目耳

喜忌　喜如鑪之甘喜如珠之露喜月喜柔風忌狂風忌驟雨忌泉水浸淫忌陰霾凝結忌花未蔽其上

藏秧　白露既降花漸稀葉漸黃視其憔悴者去之鮮潤者留之便承露以養根水勿滿滿則水從枯莖入易敗滿寒風至移檐下盡傾其水留少許潤秧而已凍則束草覆之納諸室惟不可失水失水則燥燥則綉痕生而秧不可用矣

此書傳本甚少茲從孫氏蓮舟樹藝書中抄出而汰其繁冗郁氏謂蓮得日熱足花乃盛凡物色黑質硬者受熱多嘗用石炭末代泥和以毛髮於烏泥盆中種藕午節即花又蓮意發花須二年或三年嘗用大瓦置前庭將意盆置其中接太陽光熱亦不爲橫風蕩漾當年即花此可補楊氏書之未備附著之光緒六月上虞羅振玉

汝南圃史

(明)周文華 撰

《汝南圃史》，（明）周文華撰。周文華，字含章，南直隸蘇州人。書成於明萬曆四十八年（一六二〇）。周氏自序謂讀周見齋《花史》時，認爲其不够完備，遂據文獻資料以及自己的實踐經驗編成此書。見齋與作者都姓周，周氏的郡望爲汝南，且書的内容又超出了花的範圍，故書名曰《汝南圃史》。《四庫全書總目》『譜錄類』存目，《續文獻通考·經籍考》『農家類』著錄。

全書十二卷，分爲『月令』『栽種十二法』『花果部』『木果部』『水果部』『本木花部』『條刺花部』『草本花部』『竹木部』『草部』『蔬菜部』『瓜豆部』等十二部，分類明晰，層次井然。『月令』詳細介紹每月的園藝活動。『栽種十二法』介紹了下種、分栽、扦插、接換、壓條、過貼、移植、整頓、澆灌、培壅、摘實、收種等十二項栽培管理方法。這兩部分，都是輯錄前人之語，每條注明了出處。第三至第十二部分，分别介紹了果三十二種、花九十一種、竹木二十二種、蔬菜四十種，共一百八十五種植物的栽培技術，同樣摘引了各種典籍中的材料，但也有許多經驗之談。《四庫全書總目提要》説此書『較爲切實』，但譏其分類不合理，『西瓜不入瓜豆而入水果，枸杞不入條刺而入菜蔬』。

該書在後世傳刻很少，除明萬曆四十八年序刊本外，尚有清初覆刊本。今據明萬曆書帶齋刻本影印。

（惠富平）

周光祿圃史序

光祿君之似公揚轂与余論
文指端舌本含吐香豔疑
其况衆香國來乃々讀
光祿君圃史天工地能人

一

權則倫敘而文詞爛然固知
公揚之寸所發源遠矣余
少則讀嵇襄陽草木狀怪
其未該其所狀者固止一南
方也至橘錄荔譜之屬

僅々志一物尤寥儉乃光祿
所載歲十二月々有紀補不
聿之漏月三十日々有占通
五行志之緯四海內外九州
之江產凡百億種々有性情

二

者還其所書而無犯其所
忌發爾雅埤雅之未發且
於其負味之炎寒燥濕自
辛平惡毒可攻膏可濕者
一々爲拈出以羽翼神農氏

本草嘗功偉矣說者徒以君
翔簪紱之林不忘恬淡之著
述庸知其借樹植之法滋示
素儲之經濟是在公揚識之
耕是在公揚用之耕公揚閒

之葉拱而立曰使望得史天
下亦如是圃矣
萬曆庚申端陽前一日
吳郡陳元素題

汝南圃史自序

余性癖閒嗜淡每於坳堂隙地邀漢
陰丈人青門野叟相與商蒔花課竹
鋤豆種瓜之法綠煙埋檻紅雨沉牕
不使金谷梓里傲人於千載是吾迂
也既而染指雞肋羈身京洛政苦黃

塵蔽面故園清夢時時在鶯巢蝶隊
間適王君仲至貽我花史十卷閱之
乃周允齋先生所輯一時幽馨異彩
披拂几案覺塵土腸胃灑然若洗眞
不減沸鼎中清泠泉也稍恨詮集未
該漫取架頭野牒弁標耳目覩記若

竹木蔬藜菜菽之屬葺爲若干卷使
世有豪杰自闕不炫簪紱而寄托南
山種豆北郭澆花怡神養志以銷烏
兎顧不必乞橐駞之秘藏而四時收
植調理之妙一一如眎諸掌矣雖然
種植小經綸也灌溉小雨露也習得

此三昧轉爲用世之術安知非秉化
育撫林總黙輔
聖王之治深培造化之功也哉以故余
力慵而中止意倦而輒廢者廼命望
兒廣釆而竟其局以見不佞誠子之
微意固亦有在也然刱者允齋竟者

吾父子署曰汝南圃史以問後世復
有茂叔再出者請更廣之
萬曆庚申花朝吳郡周文華題於西
圃之香蝶寮

汝南圃史總目

汝南圃史總目終

汝南圃史卷之一目録

汝南圃史卷之一目録

汝南圃史卷之一

吳郡周文華含章補次

月令

栽植

正月 九焦在辰 地火在巳 天地荒蕪在巳

元旦雞鳴時以火把遍照一切果樹下則無蟲災辰刻將斧班駁敲樹則結子不落名曰嫁樹此月栽樹爲上時以甎石放李樹岐枝多結實凡栽果上半月多子忌南風火日諸果樹宜削去低小亂枝

下 梅 桃核 銀杏 栗子
柑橘子 次年分栽 葧薺 山藥子
萵苣子 麻子 上元日 牛蒡子
天羅子 薏苡仁 茄子
瓜子 菠菜子 韭子
葱子

【分】李樹　木蘭　海棠
玫瑰　紫薇　金雀
【扦】石榴　蒲萄　梔子
薔薇　木香　楊柳
杉木取揪枝插芋頭或蘿蔔內埋土露枝三寸　長春
【接】梅杏桃李　梨　林檎
棗　栗　柿
瑞香　海棠　木瓜宜壅狗糞

臘梅　黃薔薇　半丈紅
繡李已上並雨水後　胡桃　木樨
荼蘼　月季　寶相已上宜下旬
【壓】山茶　杜鵑　木樨
桑
【移】梅杏桃李　石榴　櫻桃
花紅　銀杏　棗
栗　柑橘　山茶

瑞香　花紅　繡毬
梔子　紫薇　西河柳
迎春　棣棠　佛見笑
金沙　木香　錦帶
菊花　長春
【轉】籬障
【澆】梅杏桃李　梨　林檎
瑞香　牡丹　芍藥

西瓜地　山藥地　韭菜地掃去陳葉
【壅】石榴　梨　棗
栗　柿　海棠
【起】芙菰

二月九焦在丑　地火在午　天地荒蕪在酉
社日以杵舂百果根則結子繁而不落以祭社餘酒及羹潑諸果樹則多子凡諸花木遇旱只澆清水切忌濃糞移植亦忌南風大日

石榴發嫩芽即掐去
[下]松子　栢子　銀杏
梧桐子　椒子　茶子
榛子　松子　栗子
鷄秧　菱　芡
蔗　茨菰　罌粟子
麗春子　錦葵子　秋葵子
翦春羅子　翦秋羅子　鳳仙子

决明子　金錢子　秋海棠子
雞冠子　西瓜子　生瓜子
甜瓜子　黃瓜子　絲瓜子
冬瓜子　刀豆子　紫蘇子
扁豆子　甲麻子　紫草子
瓠瓤子　山藥　芝麻
香芋　落花生　白菜子
茄子　莧菜子宜晦日　夏蘿蔔子

棉花子　絡麻子　苧線
[分]壽李　石榴　花紅
紫荊　珍珠　玉簪
木筆　杜鵑　榆柳
玫瑰　山礬　虎刺
迎春　金雀　十姊妹
錦帶　甘菊　百合
萱草　石竹　翦春羅

翦秋羅　僧鞋菊　芭蕉
茴香　薄荷　甘露子
藿香　竹秧　慈秧
生菜　苦藚
[扦]石榴　梨　葡萄插籬笆中栽
瑞香　芙蓉春分日　薔薇
檉樹　杉樹　桑樹
柳樹　西河柳俱春分前後

接梅杏桃李　枇杷　林檎 春分日
銀杏　棗　栗
胡桃　柿 俱春分前　橘
柑　香橼　山茶
西府海棠　木樨 俱春分後
壓桑
移松　槐　梧桐
桑　栗　藕秧

海棠　木瓜　茉莉
萱草　萵苣　薄荷
茄柯　黃瓜　葫蘆
生瓜　冬瓜　餘同正月諸般花果
鋤橘地
整葡萄棚 翦去小枝○天雨初晴北風寒切聚亂草煨之少出烟氣以拒嚴霜
芟枇杷
澆林檎　櫾柚　橙

瑞香　牡丹　芍藥
壅櫻桃　葡萄 用猪糞和土　橘樹
橙樹　荷 用菜餅屑或麻餅　木樨
椒樹 用糞灰及細土覆根
看梅杏 白頭公吃須令人驅逐半月乃可
採五加皮　甘菊頭　枸杞頭
蒿頭 鹽水綽曬
起茨菰

收榆槐桃栁桑皮 煎湯入鹽炒椒擦牙宜春分日
三月 九焦在戌　地火在未　天地荒蕪在丑
寒食浸糯米做麪作藥清明縛樹上不生栽
毛又清明子時於樹上縛稻草一根不生諸
蟲
下藕秧　芟　勃薺
山茶　梔子　桐子
翦春羅　鳳仙　金銀錢

雞冠　鴈來紅　十樣錦
香薷　落花生　芝麻
薄荷　黄精　茭苩
薑　紫蘇　芋頭
山藥　茄子　西瓜子
冬瓜子　南瓜子　黄瓜子
蘿蔔子　菠菜子　茴香
扁豆　黄豆　赤豆

紫豆　棉花子
【分】松樹　石榴　櫻桃
花紅　衆樹　梔子
山丹　芙蓉　天竹
箬蘭　菊秧穀雨前後　百合
石竹　翦秋羅　玉簪
珊瑚　芭蕉　枸杞
晚瓜　晚茄

【扦】櫻桃　瑞香　薔薇
月季
【接】梅杏桃李　枇杷　楊梅
栗　橘　橙
繡毬　冬青
【種】梅桃秧　白荸　山藥上旬
薑　芋　菊上盆
【移】石榴　楊梅　橘

橙　梔子　夾竹桃
桂　茶宜向陽地　椒
茄　莧菜　扁豆
韭　葱
【出】菖蒲盆清明後　茉莉盆立夏前從窖中移出
【修】蜜蜂筒
四月　九焦在未　地火在未　天地荒蕪在中
此月伐木不蛀小滿前後割蜜則蜂盛

【下】枇杷核　栗子　柿核
菱　芡俱宜上旬　芝麻
黃豆　芋　蘿蔔子
秋王瓜　葱
【扦】茉莉芒種前後
【壓】梔子亦可扦　木樨亦可移　薔薇
瓜藤夏至口
【種】芝麻　青豆　香豆

【栽】茄秧黃梅內栽亦有早茄先種但要捉蟲
【搭】黃瓜扁豆絲瓜棚
【翦】菖蒲初八日又十四日皆可種
【澆】牡丹晴時　櫻桃落後糞水
【採】蠶豆　豌豆　蒜苗
【落】杏子　櫻桃　枇杷俱先令人看守
【收】罌粟種　紅花　紫苿子
【包】梨

五月九焦在卯　地火在午　天地荒蕪在子
五日收百草頭和陳石灰作刀瘡藥午日嫁
棗如元旦法
【分】水仙　葱秧黃梅內栽六月不可澆糞
【種】茭秧　勃薺小暑前
【移】竹十三日爲竹醉日
【澆】櫻桃半和水糞　柑橘黃梅內糞清水　桑樹夏至掘開根下用糞
【採】生瓜　王瓜

【落】梅子　李子
【收】菠菜子　竹籜　芫荽
六月九焦在子　地火在巳　天地荒蕪在辰
此月伐竹不蛀
【下】蒜　蘿蔔　胡蘿蔔
【移】茉莉
【鋤】竹園地
【扎】闌干竹屏

壅 韭地 添河泥
採 紅菱 甜瓜 西瓜
收 洛陽花子 翦春羅 薄荷 三次
七月 九焦在酉 地火在辰 天地荒蕪在亥
辰日伐木不蛀
下 牡丹子 臘梅子 蜀葵
萵苣 菠菜 甜菜
胡蘿蔔 胡荽 白菜

蘿蔔 蕎麥
分 葱秧
澆 木樨 猪泥糞和水
採 菱 芡實 西瓜
萱
收 棗 蓮子 薄荷 三次
茴香子
八月 九焦在午 地火在卯 天地荒蕪在卯

下 罌粟 長春 麗春
石竹 洛陽花 紅花
紫菜 萵苣 蠶豆
芥菜 菠菜 藏菜
大蒜 韭薤 胡荽
分 石榴 櫻桃 紫荆
牡丹 芍藥 貼梗海棠
木瓜 百合 石竹

翦春蘿 翦秋蘿 沃丹
金燈 佛龕 珊瑚
葱
扦 薔薇 木香 俱秋分前或壓亦可
接 桃樹 花紅 玉蘭
牡丹 西府海棠 垂絲海棠
種 大蒜 韭菜
移 梅杏桃李 櫻珠 枇杷

銀杏　橘樹　橙樹
梧桐　牡丹秋分前後　芍藥
木瓜　梔子　木樨
採菱　芡
落石榴　柿白露後
收梧桐子　鳳仙子　金銀錢
薏苡仁
九月 九焦在寅　地火在寅　天地荒蕪在未

九日收菊花曬乾為末用糯米一斗蒸熟以
麴弁菊花拌和如常醞法酒熟飲之可治頭
風
浸菱　芡
下罌粟九日　紅花月終　蠶豆中旬
芥菜　春菜
分櫻桃　芍藥　貼梗海棠
臘梅　八仙

移枇杷　橘　橙
山茶　牡丹　芍藥
茉莉入室內　蠟梅　麗春
萱花
轉橘梁
澆梅杏桃李
落石榴　梨　銀杏
栗　木瓜

收菱　芡　木瓜子霜降後
秋葵子　剪秋蘿子　決明子
雞冠子　雁來紅子　南瓜
山藥子霜降後　長柄瓠子　萆麻子
薏珠子　白蘇子
去荷花缸內水
十月 九焦在亥　地火在丑　天地荒蕪在寅
分榔李　櫻桃　木筆

芍藥　木瓜　玫瑰
天竹　棣棠　錦帶
水仙　金萱　玉簪
秋牡丹
移　橘　橙仲冬亦可　臘梅
澆　橙樹落後糞水
壅　竹園用稻管泥若用河泥必黄梅熱過者可壅
起　甘蔗

收　橘柚柑橙俱小雪前後　梔子
香薷　菖蒲
藏　夾竹桃
芙蓉條斫長尺許以溼稻穩蓋向陽處來春二月扦插
葡萄藤截壯藤長三四尺埋熟糞内來春二月扦插
包　栗
十一月　九焦在申　地火在子　天地荒蕪在午
冬至日用糟水澆海棠根來春花盛貯雪水

埋地中用浸諸色種子耐寒且不生蟲兼可醫治小兒熱毒取溝泥曬乾篩淨以待二三月盆中栽植
埋　菊秧
封　菖蒲窖
藏　萱種小雪前後
十二月　九焦在巳　地火在亥　天地荒蕪在戌
貯臘雪取溝泥一如前月之法

扦　石榴二十五　楊柳二十四日不蛀　宮柳
薔薇　佛見笑　十姊妹
修　桑
扎　闌干竹屏六月亦可非此兩月則薔薇木香之類皆生嫩條不可動搖矣
澆　櫻桃　橘　橙和水濃糞
桑　牡丹狗糞壅亦妙　芍藥
壅　櫻桃　楊梅灰糞遠傍壅根　韭菜俱用河泥
以上非立春後則地脈未和皆不可移動惟扦柳宜于臘月即澆壅大率濃糞爲佳

占候

老農欲知水旱老圃亦辨陰晴負耒荷鋤更相問答故方言偶語竝載入史先繫總說而仍次之以月日云

總說

三青一貴（謂稻秧及桑與梅嘉靖壬戌桑葉甚貴其年秋多梅子價賤）

春甲子雨赤地千里夏甲子雨行船入市秋甲子雨禾頭生耳冬甲子雨飛砂滿地（一云牛羊凍死又云甲子值隻日多驗雙日或未然）以上見鎖碎錄按田家五行與此少異云春雨甲子乘船入市夏雨甲子赤地千里（赤尺古通用言爲雨阻跬步若千里之難）秋雨甲子禾頭生耳冬雨甲子雪飛千里未知孰是

雲行南雨溥溥雲行東馬頭通雲行西雨淋雞雲行北曬破屋

芙蓉花初開第一朶稃其輕重則知來年米價重一錢則米價亦如之甚驗

時逢室壁多風雨雨到奎星方始晴婁胃西風雲霧起昴畢登高天半晴觜參井遇大風起井鬼天陰是有晴總道柳星烟障起星中雲黑也還晴張翼相逢天大沛軫角直日皎然晴亢有大風沙石走氐房心尾雨風聲箕斗微微頭上雨女牛細雨不分明一到虛危風大起若與雲霧隔朝晴（又日箕好風畢好雨）

春丙賜賜無水浸秧夏丙賜賜無水插秧秋丙賜賜乾妝上倉冬丙賜賜無雪無霜

月如懸弓少雨多風月如仰瓦不求自下

朝華不出市夜華走千里

未雨先雷船去步回

行得春風有夏雨落得臘雪有河豚

夏至酉臨六月旱重陽戊遇一冬晴

雨打丁巳頭四十五日無日頭

壬子癸丑甲寅晴蘇套釘靴掛斷繩

久晴望戊雨久雨望庚晴

鶴神上天怕馬嘯下地怕狗吽（上天次日為甲午下地次日為庚戌言此兩日若雨必連綿不止也）

春吃瘟痘夏吃水秋吃五穀冬吃米（凡交節氣日若風正對鶴神所坐之方即帶物吹入戶中惟立春日風向之為吉餘俱不利）

正月

先天與後天何須問神仙但看立春日甲乙是豐年丙丁多主旱戊巳損田園庚辛人馬

動壬癸水連天

歲朝西北風大水害農工歲朝東北五穀大熟

正月朔雨主春旱元日霧歲必饑

元旦日未出時東方有黑雲春多雨南方有黑雲夏多雨西方主秋北方主冬皆如之

元日晴和無日色其年必豐

一雞二犬三猪四羊五馬六牛七人八穀凡晴為吉

一日雨人食料一升二日雨人食料二升三日雨人食料三升四日雨人食料四升五日雨主大熟

五日內霧穀傷民饑

八日看參星參星參在月身邊教郎廣種白蒲田參星參在月爪上鯉魚跳在鍋蓋上

初八弗見參星月半看見紅燈

甲子豐年丙子旱戊子蝗蟲庚子亂若逢壬子水滔滔只在正月上旬看

風送上元燈雨打寒食墳

上元日晴宜百果又元宵無雨多春旱

十七日棉花生日晴明花有收

未蟄先蟄人吃狗食又云未蟄先蟄一百廿日陰溼

春雷須見氷弗氷弗肯晴

正月陰溼好種田二月陰溼沒子田
正月有壬子桑葉貴有甲子初貴後賤
春寒多雨水春煖百花香

二月

二月夜雨爲酵頭雨黃梅中雨之多寡因之以十夜爲率主雨水調勻過則水不及則旱此最驗
初八日祠山大帝生辰朝有西南風主豐稔

十二日爲花朝十三日爲收花日俱宜晴明主百穀果實倍收
社公弗吃乾糧社婆弗吃舊水立春後第五戊爲社日必有雨

三月

三月無三卯田家米不飽初一雨飄飄人民嘗食草
初三日田雞上晝叫上鄉熟下晝叫下鄉熟終日叫上下一齊熟
田雞叫得啞三青變子鮓（又云田裏收稻把）田雞叫得响田裏好牽槳
三月初三晴桑樹上掛銀瓶（是日東風葉稍賤）又云雨打石頭遍桑葉錢三片又云三日尚可四日殺我（言四日有雨則桑葉貴甚）未詳孰是
初七無雨下秧晴十七無雨蒔秧晴廿七無雨收稻晴

十一日麥生日喜天晴
寒食雨爛麥堆
雨打紙錢頭麻麥不見收雨打墓頭錢今年好種田
清明日雨主梅裏有水晴則旱又清明日雨百果損
清明午前晴早蠶熟午後晴晚蠶熟一日晴早晚兩蠶俱大熟（清明糞缸內有蛆蠶好養葉貴）

辰戌丑未葉如金子午卯酉兩平平寅申巳
亥如泥土清明之日看分明
三月溝裏白溝底一畝麥諺言三月晴則麥有收也
是月若連雨四日主五穀貴
四月
初四稻生日喜晴
小麥是箇鬼吳音叶舉只怕四月初八夜裏雨
八日雨斑斕高低盡可憐

十三有雨麥無收
有穀無穀只看四月十六四月十六烏漉秃
高低田稻一齊熟四月十六清𤃩竈堂裏摸
蚌
十六月上早低田好種稻水少故也
四月十八雨飄飄高鄉好種𥻦牢嘈是日雨主旱
二十八日小分龍若然無雨是懶龍是日無雨主旱
日煖夜寒東海也乾

麥秀風來擺稻秀雨來淋
立夏日無暈主無水有暈須預做湖塘
立夏日朝有露水桑葉大貴天晴主旱
五月
初一落雨井泉浮吳語叶扶初二落雨井泉枯初
三落雨連太湖農人多以五月一日之陰晴卜一年之豐歉瑣碎錄
五月初一若雨落牆坍壁倒難收捉
蒔種逢壬便立梅遇辰則絕

迎梅一寸送梅一尺
雨打梅頭無水飲牛雨打梅額井底開坼
低田只怕迎梅雨高田只怕送時雷
黃梅寒井底乾
梅裏雷低田拆舍歸
梅裏一聲雷時中三日雨蒔種後半月謂之禁雷天
梅裏一日西南時裏三日薄薄
黃梅時水邊草樹上看魚散子之高低卜水

之增止

夏至端午前抄手種年田

端午日雨主來年大熟當年絲貴

夏至在五六弗賣牛車便賣屋

夏至日个雨一點值千金

夏至忌日暈暈則大水

夏至有雲三伏熱

夏至酉臨六月旱重陽戊遇一冬晴

夏至日西南風急風急沒慢風慢沒

夏至日雨爲淋時雨不肯卽晴

時裏西南老鯽奔潭

中時腰報倒黃梅黃梅後爲三時頭時三日中時五日末時七日中時雨主大水末時雷主久晴故又云迎梅雨送時雷送子去再弗回

二十分龍廿一鬭拔子黃秧便種豆

二十分龍廿一雨石頭縫裏盡是米

小暑日雨黃梅倒轉

六月

六月初一一劑雨夜夜風潮到立秋

六月初三打个陣上晝種田下晝困

六月初三晴沿山竹條盡枯零

六月弗熱五穀弗結

六月西風吹遍草八月無風秕子稻

伏裏西北風臘裏船弗通

夏末秋初一劑雨賽過唐朝萬斛珠

七月

七月秋蒔到秋六月秋便罷休

朝立秋凉颼颼夜立秋熱到頭

立秋日天氣晴明萬物多不成熟

秋蹄驢損萬斛立秋日發雷名秋蹄驢主晚稻秕故云

立秋日東南風稻花三開三閉西南風稻花

丑開五閉西北風稻花七開七閉農人以開

閉爲遲速慮恐遇風雨歉收耳

立秋日西南風主禾稻倍收發風三日畝收二石

十五日稻竿生日要晴一云十四十五十六有雨俱主撩水稻俗又謂稻扦生日

立秋後虹見爲天收雖大稔亦減分數

處暑若還天不雨總然結實也無收

八月

八月朔日晴連冬旱有雨好種大小麥弁菑

白露號天收有雨損穀名苦雨

白露前是雨白露後是鬼

八月十五雲遮月來歲元宵雨打燈

二十四爲稻藁生日雨則藁腐

秋分日晴及東南風主有收

分社合日農家叫屈

分了社（吳語叶作）穀米遍天下社了分穀米如錦墩

八月小糯米便是寶八月大街頭有菜貨

人怕老窮田怕秋旱又云飽水足穀

三卯三寅麥出低村三庚二卯麥出抝巧（高鄉）

九月

一日至九日凡北風則來年米賤以日占月如一日北風正月賤二日北風二月賤也

九日雨禾成腈（言有雨收禾必腈）

重陽淫漉漉穰草千錢束（雨主柴貴）

重陽看風色東北風是石祟口裏風萬物皆結實西北風是苑丹尸裏風實是無告吃（吳俗呼無物爲無告也）

九月十三晴弗要蓋稻亭

霜降見霜搊米個做霸王

十月

賣綿絮婆婆只看十月朝無風無雨哭號咷

十月初一晴柴炭灰㨾平

十月初一西北風糶子新米糴冬春來年米賤
立冬日晴主有魚
小雪日雪主穀賤
十月雷人死上爬堆
十月無壬子留寒待後春
雨打冬丁卯飛禽弗得飽
十月迷露明塘寬十一月迷露明塘乾
十一月

冬至前米價長貧兒有長養冬至前米價落
窮漢轉消索
要知來年閏只看冬至剩
十七日彌陀生日東北風天有雲主來歲有
雨大熟
冬至後三辛立臘
十二月
臘月雷地白雨來催

若要麥見三白
雨春夾一冬無被煖烘烘
臘雪是被春雪是鬼

汝南圃史卷之一

汝南圃史卷之二目錄

汝南圃史卷之二目錄

汝南圃史卷之二

吳郡周文華含章纂次

栽種十二法

栽種各有所宜分列百卉下茲先載其總法

下種

凡下種必擇吉日及天晴爲妙雨則不苗三五日後必欲雨旱則不生須頻澆水下種後不得令人足雞犬踐踏允齋花譜

核宜排子宜撒其法收枝頭乾實懸通風處臨種少曬擇向陽所以肥土鋪半將核尖向上排定再以肥土蓋之乾溼得所爲妙灌園史

凡果須候肉爛和核種之否則不類其種瑣碎錄

凡種蔬蓏必先燥暴其子蔬宜畦種蓏宜區種畦地長丈餘廣三尺先數日斸起宿土雜以蒿草火燎之以絕蟲類併得爲糞臨時益以他糞治畦種之區種如區田法區深廣可一尺許臨種以熟糞和土拌勻納於地中候苗

出視稀稠去留之又有芽種凡種子先須淘
淨頓匏瓢中覆以溼草三日後芽生長可指
許然後下種先於熟畦內以水飲地勻摻芽
種復篩細糞土覆之以防日曝如依此法菜
既齊出而草又不生 稼圃奇書

分栽

根上發起小條俱可分栽先就本身相連處截
斷未可便移待次年方可移植或叢生者則
不必然亦須按月分栽則活 允齋花譜
凡花木有直根一謂之命根趁小時栽便盤了
或以甎瓦盛之勿令生下則他日易移以利
斧斷之亦可 瑣碎錄

扦插

凡扦插花木須地土肥細二三月間萌蘖將動時選肥嫩發條取下斬長尺許每條下削成馬耳狀即以杖剌土成穴深五六寸許以花條插之半入土内半出土上仍築令土著木日用水澆灌令土常潤澤夏搭涼棚蔽日冬作暖棚以禦霜雪俟長成方可移栽九齋花譜

春花已半開者用刀剪下即插之蘿蔔上却以花盆種之時時澆溉花過則生根矣既不傷生又可得種亦奇法也癸辛雜識

接換

凡葉相似實與核相類者皆可接換下向根脚謂之樹砧如桃砧接梅接杏櫟砧接栗之類是也若本色接本色尤妙砧大者宜高截小者宜近地截截訖用快刀銛砧上鋸齒痕將取到接頭斷長四寸許根頭斜削皮骨成馬耳狀又將馬耳尖頭薄骨翻轉割去半分納口内噙養然後於砧盤左右皮内木外批豁

或兩道或三道納所噙接頭於内極要快捷緊密須使老樹肌肉與接頭肌肉相對用竹籜闊寸許劈開雙摺齊砧面包裹再用竹籜包其砧頂通以麻皮纏縛牢固爛泥封其罅隙再用瓦盛潤土培養接頭上乾即灑之上露接頭二三眼以通活氣直至秋間新枝長成方可去土九齋花譜

凡接換必須相稱砧大宜高截砧小宜低截對

接上下各正去半寸偶接上下各斜去半寸揷接截平本根削斜分枝揷皮內合接同種兩枝各削去半邊俱用蔴縛篾箬泥封籜裹四圍扦棘以防鳥雀常將水灑更避日色若遇狂風大雨急宜遮護否則不活 灌園史

接法有五一曰身接將鋸截去原樹枝莖作盤砧高可及肩以小利刃於其盤之兩旁微啓小罅隙半寸先用竹籤候之測其淺深卽以

所接條約長五寸一頭削作小篦子先噙口中假精溢以助其氣卽納之罅中皮肉相對揷之卽用樹皮封繫桑皮穀皮之類寬緊得宜用牛糞和泥斟酌擁包勿令透風外仍留一眼於上以泄其氣二曰根接以鋸截斷原樹去地五寸許以所接枝條削皮揷之一如身接之法就以土培封之以棘圍護之三曰皮接用小利刃於原樹身八字斜劈之仍以

竹籤探著深淺將所接之枝皮肉相向揷入封護如前追接枝發茂斬去原樹枝莖則所接新枝自然條達四曰枝接一如皮接之法五曰搭接將已種出芽條去地三寸許上削作馬耳將所接枝條倂削馬耳相搭接之封繫糞擁悉如前法 稼圃奇書

凡接矮果及花用好黃泥曬乾篩淨小便浸之再曬浸十餘次以泥封樹枝用竹筒破作兩

片封裹之則根立生次年截取栽之 瑣碎錄

凡接樹須其生意已動未發芽時不先不後乃易活 王氏日抄

凡接花樹雖已接活內脂力未全包生未滿接頭處切勿令梅雨得以浸其皮 瑣碎錄

宦游紀聞載種花法云春分和氣盡接不得夏至陽氣盛種不得立夏以後不可移種其云春分不可接樹則妄也接樹之期大率先梅

杏桃李次棗栗梨柿次柑橙橘柚惟金橘尤宜遲蓋氣未動而接者多不能活 允齋花圃

凡接樹雖活下有氣條從本身上報者急宜削去勿令分其氣力 允齋花譜

壓條

壓黃薔薇法黃梅中攀枝着地用樹鈎釘住令其貼服用肥土壅之明年生根後截斷再隔一年移栽因此種最難活必須用此法凡壓條倣此 允齋花譜

過貼

凡花木不可分不可接不可壓用過貼法

凡欲過貼先移葉相類之小樹於旁從兩邊樹枝可相交合處以刀各削其半對合著用竹籜包裹麻皮纏縛牢固泥封之大樹所合枝旁截令斷小樹所合枝去其梢至來春方可截斷連處待長後移植 允齋花譜

移植

凡移植果木必先於九月霜降後撅轉成圓垛以草索盤縛原土未可移動仍以鬆土塡滿周遭罅隙待次年正二月移栽栽處宜寬作區安頓端正然後下土將木器斜築根底下以實爲度上以鬆土覆之若本身高者須用竹木扶縛定勿使風搖動安頓完即以肥水澆之如無雨每朝灌水直待半月後其根實生意發動乃止大樹髡其梢小則不必髡若路遠未能便種必須蔽日若垛碎日炙即不活矣

凡栽樹正月爲上時二月爲中時三月爲下時然棗雞口槐兔目桑蝦蟆眼榆貝瘤自餘雜木鼠耳虻翅各以其時樹種既多不可一一備舉

凡樹一移當三年 瑣碎錄

先記枝之所向將竹刀掘起下勿傷根上勿損葉如前種之再加肥土填滿四邊又以石子鋪面以防泥濺如泥一濺葉即黄脫仍須澆灌得宜謹避風日數日即活 灌園史

花木接者或砍移種須令接頭在外 瑣碎錄

移栽果木宜在望前則結子繁多 灌園史

整頓 避忌祈禳保護驅邪附

正月修諸花果樹木削去低小亂枝勿令分力結子自然肥大 允齋花譜

樹木發芽時於根旁掘土須要寬深尋直下釘地根截去留四邊亂根勿動却用土覆蓋築實則結果肥大勝插接者謂之騸樹 農桑撮要

花果樹木有蟲蠹者務宜去之其法用鐵線作鉤取之一法用硫黄雄黄作煙熏之即死或

用桐油紙撚條塞之亦驗 稼圃奇書

凡樹內蛀蟲入春頭俱向上難於鉤取必用煙熏唯冬則向下將鐵線一接立盡 王氏日抄

花果樹木有蟲蠹者以芫花納孔即除一云百部葉亦可又正月間用杉木作小釘塞之其蟲立死 瑣碎錄

凡種好花木其旁須種葱薤之屬以辟麝花木最忌麝香之觸瓜尤忌之若既爲所觸急於

上風燒硫黄氣以解之 灌園史

樹得桂而枯然未可槩論若以桂爲釘釘在下則枯釘在上則茂 瑣碎錄

菓子生花花謝時天晴日猛其年結果必多遇雨即少鑿開樹皮納少鍾乳末則子多且美又樹老以鍾乳末和泥於根上揭去皮抹之樹復茂 瑣碎錄

凡木皆有雄雌雄者多不實可鑿木作徑寸穴

取雌木填之乃實 允齋花譜

生人髮掛果樹飛鳥不食其實 允齋花譜

果樹無子以社酒或社日糞潑之其生必多又社日杵百果根則子大 瑣碎錄

諸般樹木整頓尤須得法去瀝水枝向下者去刺身條向內者騈紐枝連結者冗雜枝多亂者風枝長細者旁枝新發者或將大枝截去以蜜塗之復以馬糞和泥罨其潤處或用魚腥水澆之便生苔蘚尤助野趣如盆中樹欲其曲折略割其皮隨意轉摺以棲縛之自饒古意 灌園史

種樹時將大蒜一枚甘草一寸先放根下永無蟲患若有蛀眼以硫黄塞之有蟻穴以香油或羊骨引之有蚓穴以鴨糞或灰水澆之

凡種盆景保護務要及時倘風水相侵寒熱暴至當以布帳遮之或筏箪覆之如遇輕陰細雨淡日和風出架庭中勿令著地恐致根長

及引蟲蟻

冬日將樹掘起洗淨勿傷根芽當量樹之老嫩於日中曬數日乾極則灑水復用肥泥拌宿壤種之若天煖澆糞數次亦可若止曬一面則餘三面皆無花矣 灌園史

以烏賊魚骨鍼花樹輒死 瑣碎錄

植物去皮則死氣在外也 允齋花譜

草木被羊食者不長 允齋花譜

諸豆與油麻大麻等若不及時去草必爲草所蠹耗雖結實亦不多諺云麻耘地豆耘花麻初生即耘豆雖花時尚可耘也

珊瑚虎刺翠雲草秋海棠山茶菖蒲皆喜陰遇日色多枯槁宜遮蓋之杜鵑尤不宜日曬之樹陰深處則蒼翠可愛 九齋花譜

澆灌

澆灌必分早晚早宜肥水澆根其法鋤嫩青草拌溝泥同罨缸內久則自然流出青水澆之晚宜清水灑葉其法取天落水或河池水置缸內投石子數枚澄過灑之若晚間驟雨急宜遮護恐烈日曬後熱氣蒸花故也 灌園史

凡草木發芽不可澆糞恐傷其根也花開時不可澆糞恐墮其花也糞須和水不可太濃若

用停久冷糞曾經雨露者尤妙 稼圃奇書

草木之性不同如茉莉石榴不妨過肥杜鵑花稍著糞穢則木立槁又五月梅雨時不宜用肥肥則根必腐爛八月白露雨至必生嫩根槩以肥澆非獨無益抑且有害 九齋花譜

澆灌之法須按月輕重暑月宜清臘月宜厚如正月用糞和水七之三二月六之四三月平分四月四之六五月三之七六月二之八以

後月分例照前月次第加減 九齋花譜

凡花蘂當在數日後開者用馬糞浸水澆之次日即開謂之催花法 稼圃奇書

培壅

培壅先於貯土須鋤青草以糞澆之煨過再燒如此數次搗碎篩淨揀去甎瓦草根收藏缸內安頓日照雨曬處或將黃泥浸臘糞中年餘取出曬乾用之或植盆樹將炭屑及瓦片浸糞窖中經月取出以爲鋪盆用 九齋花譜

凡種花欲得花多須用肥土壅根高三五寸但宜在十一十二正月餘月皆不宜壅 九齋花譜

摘實

凡果實未全熟時不可便摘恐抽過筋脉來歲不盛 項碎錄

又果熟時勿輕摘採如動破一枚飛鳥皆來啄食 灌園史

凡果實異常者根下必有毒蛇切不可食 項碎錄

花果樹曾經孝子及孕婦手折則數年不生花即花亦不甚結實 灌園史

凡果實及阜莢之類如初結實之年爲僧尼所觸終不復結 允齋花譜

收種

凡收子種須選其無病而綻者曬令極乾以瓶收貯懸於高所勿近地氣恐生白蟲即無用隔年亦不生 允齋花譜

凡收核種必待其果熟甚擘取其核便於向陽煖處深寬爲坑以牛馬糞和土平鋪坑底將核尖向下排定復以糞土覆之令厚尺餘至春生芽萬不失一忌水浸風吹皆令仁腐一

法以泥包核如彈丸曬乾投前坑中更妙 允齋花譜

汝南圃史卷之二

汝南圃史卷之三目錄

汝南圃史卷之三目錄

汝南圃史卷之三

吳郡周文華含章補次

花果部

梅

梅一名枏杏之類樹及葉皆如杏樹比杏稍黑葉比杏稍青北人不識故貫元嫄曰梅花早而白杏花晚而紅梅實小而酸核有文杏實大而甜核無文梅任調食及虀杏則不任此

用世人或不能辨言梅杏為一物失之遠矣花香先百花開結實至五月而熟范石湖梅譜曰梅天下尤物無問知愚賢不肖莫敢有異議學圃之士必先種梅且不厭多又曰梅以韻勝以格高故以橫斜疏瘦與老枝怪奇者為貴其新接穉本抽嫩枝直上或三四尺如酴醾薔薇類者謂之氣條此直宜取實規利無所謂韻與格矣又有一種糞壤力勝者

於條上茁短横枝狀如棘鍼花密綴之亦非
高品其敘梅類有江梅遺核野生不經栽接
者又名直脚梅或謂之野梅凡山間水濱荒
寒清絶之趣皆此本也花稍小而疎瘦有韻
香最清實小而硬有早梅花勝直脚梅吳中
春晚二月始爛熳獨此品於冬至前已開故
得早名錢塘湖上亦有一種尤開早予嘗重
陽日親折之有横枝對菊開之句行都賣花

者爭先為奇冬初折未開枝寘浴室中熏蒸
令拆强名早梅終瑣碎無香有官城梅吳下
圃人以直脚梅擇他本花肥實美者接之花
遂敷腴實亦佳可入煎造有消梅花與江梅
官城梅相似其實圓小鬆脆多液無滓多液
則不耐日乾故不入煎造亦不宜熟惟堪青
噉有古梅其枝樛曲萬狀蒼蘚鱗皴封滿花
身又有苔鬚垂於枝間或長數寸風至綠絲

飄飄可愛有重葉梅花頭甚豐葉重數層盛
開如小白蓮梅中之奇品花房獨出而結實
多雙尤為瑰異極梅之變化工無餘巧矣有
綠蕚梅凡梅花跗蔕皆絳紫色惟此純綠枝
梗亦青特為清高好事者比之九疑仙人蕚
綠華又有一種蕚亦微綠四邊猶淺絳亦自
難得有百葉緗梅亦名黄香梅亦名千葉香
梅花葉至二十餘瓣心色微黄花頭差小而

繁密別有一種芳香比常梅尤穠美不結實
有紅梅粉紅色標格猶是梅而繁密則如杏
香亦類杏詩人有北人全未識渾作杏花看
之句與江梅同開紅白相映園林初春絶景
也梅聖俞詩云認桃無綠葉辨杏有青枝當
時以為著題東坡詩云詩老不知梅格在更
看綠葉與青枝蓋謂其不韻為紅梅解嘲云
有鴛鴦梅多葉紅梅也花輕盈重葉數層凡

雙果必並蒂唯此一蔕而結雙梅亦尤物有杏梅花比紅梅色微淡結實甚匾有斕斑色全似杏味不及紅梅吳邑志云梅花疎瘦有韻山家多種之光福山中尤多花時香雪三十里物外奇賞也又云梅子其味仍在熟時青黃餖飣歷時最久埤雅曰子赤者材堅子白者材脆俗云梅花優於香桃花優於色天下之美不得而兼者若荔枝無好花牡丹無美實亦其類也今江湘四五月間梅欲黃落則水潤土溽礎壁皆汗蒸鬱成雨其霏如霧謂之梅雨沾衣服皆敗黦故自江以南三月雨謂之迎梅五月雨謂之送梅梅食之生津液能止渴而損齒本草衍義曰食梅則津液泄木生水也津液泄故傷齒腎屬水外爲齒故也其熟者以火熏之爲烏梅以鹽殺之爲白梅其青者以糖和之作糖梅以蒜醋和之

作蒜梅或又杵白梅和以紫蘇作梅醬古人用以調羹疑即此也齊民要術作白梅法梅子酸核初成時摘取夜以鹽汁漬之晝則日曝凡十曝十漬便成調鼎和虀所在多入也作烏梅亦以核初成時摘取籠於突上熏之令乾即成矣烏梅入藥不任調食也春間取核埋糞地待長二三尺許移栽亦有野出者必數年始著花令人取佳種接挑樹上或用本色春秋皆可接唯在春分前後則易活二三年便有花此捷法也九月間用糞澆溉又云移大梅樹去其枝梢大其根盤沃以溝泥無不活者或云於苦楝樹上則成墨梅然詢之老圃獨宜江梅餘俱不然灌園史曰瓶中插梅花將醃肉汁撇去浮油入瓶插之可至結實或用煮鯽湯亦可陳眉公曰以乾鹽貯瓶插梅其中鹽梅相和尤覺清韻

杏

杏葉如梅而圓大花先赤後白艷麗可愛栽種之法與桃李同但宜近人家不得移動耳二月開花五月實成其仁有毒須煑令極熟以中心無白爲度此果多花少實實多亦爲農祥師曠占術云杏多實不蟲者來歲秋禾善文昌雜錄云揚州李冠卿所居堂前杏一株極大多花而不實一老媪曰來春爲嫁此杏

冬深忽攜尊酒云是婚嫁撞門酒索處子裙繫樹上已而酒酹祝再三家人咸哂之明年結子無數瑣碎錄云杏熟時合肉埋糞土中至春既生則移栽實地既移不得更動用桃樹接或本色接與化府志云杏北地所產移種至此不生生亦不蕃不久隨絕亦猶南橘北枳其性各有所宜也今陝西出八丹杏杏肉多查不可食惟取其仁食之亦名杏榛與今所食杏又自不同也

桃

桃之品不一其花繁麗仲春之月始開木少則花盛詩云桃之夭夭灼灼其華是也五六月實成亦有至十月始熟者爾雅翼云桃能去不祥桃之實在木上不落者名桃梟一名桃奴及莖葉毛皆去邪故古植門以桃梗出兵以桃弧臨喪以桃刻典術云桃者五木之精仙木也故厭伏邪氣制百鬼又云桃西方之

木味辛氣惡物或惡之木之不用桃猶菜之不用辛也令桃仁桃花桃梟桃葉桃毛桃蠹桃膠皆入藥而桃花服之能令人好顏色神仙家[illegible]植之圖經本草云大都佳果多是圃人以他木接根上栽之遂至肥美殊失本性此等藥中不可用之當以野生者爲佳桃之花實並茂而尤易生諺云頭白可澁桃又曰桃三李四梅子十二齊民要術曰種桃法桃

熟時合肉全埋糞土中（直置凡地則不生生亦不茂桃性早實三歲便結子故不求栽）至春既生移栽實地（若仍處糞中則實小而苦）栽法以鍬合土掘移之（桃性易種難栽若離本土率多死矣）又法桃熟時於向陽暖處寬深爲坑取桃數十枚擘破將核納溼牛糞中尖頭向上覆土尺餘至春深芽長移核栽之或云種時以桃核刷淨令女子豔妝種之他日花豔而子離核桃性皮急四年以上宜以刀豎劃其皮不劃

者皮急則死七八年便老老則子細是以宜歲歲種之三月中掘取野生者雖小勿動其根上之土根一離土栽亦不活待長成小桃樹以二八月中求佳種接之不過二三年即食其實聞之洞庭山人云諸果下種皆不變唯桃不然實雖大種之則小故不如接也且桃易生之木不唯可接本色而梅杏李無不賴之故以多植爲美其種甚多有金桃形長

色深黃如金肉粘核多蛀不蛀者乃佳味甘酸如柿綽有風致以七月盡熟有銀桃形圓色青白肉不粘核味甘以六月中熟大可四寸許金桃銀桃俱淡紅色又名水蜜桃有灰桃卽崑崙桃又名墨桃花色比金銀桃尤淡形長肉深紫紅色而皮色似灰核肉不相粘味在銀桃之上以七月中熟大可四寸許有褎桃開淡紅花形圓色青白肉不粘核味甘以五月中熟大可二寸俗名楊桃云接楊樹而生非也有十月桃形圓色青花紅肉粘核味甘酸以十月中熟大徑寸半諸品中惟此最後疑卽古冬桃也有李桃花深紅色形圓色青肉不粘核味甘花葉形味皆桃也但其實光澤如李故名大徑寸半一名柰桃又名光桃有胭脂桃花如緋桃而單葉形圓色青肉粘核味甘酸以七月中熟有緋桃花色深

紅一種多葉結子皆雙一種千葉有四心結子或三或四多不成實有碧桃花色純白微碧一種單葉結實以七月中熟大可寸許一種千葉花色雅淡豐腴結實少與鴛鴦桃同開最後有瑞香桃又名孩兒桃又名矮桃高一二尺實如金桃而圓秋熟建昌志所謂道州桃也蓋道州出侏儒而此桃形矮故名有美人桃花粉紅色千葉又名人面桃取人面桃花相映紅之義最妖冶特不結實有鴛鴦桃千葉深紅開最後而輕盈婉麗在緋桃之上結實必雙味亦酸甜可口有區桃又名餅桃又名盒盤桃有尖嘴桃亦謂之京桃花色紅麗味亦甘美

李 榔李附

李之品見於傳記者甚多埤雅云李東方之果木子也故其字從木從子爾雅翼云李木之多子者故從子又云李南方之果也火者木之子故名與埤雅說異其花白而細比桃尤繁楊誠齋常疑韓退之詩不見桃花唯見李花後登碧落堂望隔江桃李則桃暗而李明乃悟其妙蓋炫晝縞夜云蕭瑀陳士逵於龍

昌寺看李花相與論李有九標謂香雅細淡絜密宜月夜宜綠鬢泛酒無異色其實以五月熟甘脆可啖有微澀且酸者亦隨其品之上下而已青李外青內白嘉慶李外青內紅俱核小味甘而嘉慶李尤勝韋述兩京記云東都嘉慶坊有李樹其實甘鮮爲京都之美故稱嘉慶李今人但言嘉慶子蓋稱謂旣熟不以李名也建寧李亦甚佳土人乾之貨賣四方聞北地有御黃子亦李之類而味甘美齊民要術曰李性耐久樹得三十年老雖枝枯子亦不細嫁李法於元日或上元日以甎石著李樹岐中令實繁又臘月中以杖微擊枝間至正月晦日復擊可令足子其不實者亦於元旦五更四面照火亦云嫁李凡李桃樹下竝鋤去草穢不用耕墾耕則肥而無實樹下犂撥則樹死大率桃李方兩步一根根

密陰連則子細而味亦不佳便民圖纂云臘月中取根上發起小條移種別地待長行栽栽宜稀不宜肥地取桃樹接之則生子紅甘或以本色接之亦易活

榔李俗名壽李高五六尺叢生開細花或紅或白繁褥可愛陸龜蒙榔李花賦云一枝上能萬其膚蕚一蕚中自參其丹白是也花有三種一種開細白花單葉結子如櫻桃甘酸可

食二月開花六月中熟卽榔李也一種開細白花千葉俗名喜梅又名玉蝶一種開細紅花千葉俗名玉梅皆榔李之類而千葉者結實多雙此爲異耳本草郁李仁取單葉者十月中分栽陸璣草木疏云唐棣卽奧李也（奧音郁）一名雀梅亦曰車下李其花或赤或白六月中熟大如李子可食埤雅云棠棣如李而小子如櫻桃正白花蕚上承下覆甚相親爾

采薇所謂彼爾維何維常之華是也據此則今之郁李卽古之所謂唐棣然郭璞註爾雅以唐棣似白楊爾雅翼又以唐棣爲今移楊非白楊皆不以郁李爲唐棣未知何故

石榴

石榴一名安石榴一名丹若又名天漿五月間開紅花此花附蕚皆眞紅色瓣如撮丹鬚黄粟密唯單葉者結實作房子甚多圖經本草曰安石榴本生西域陸機與弟書云張騫出使絕域十八載得塗林安石榴從安石得之故名亦名海榴李贊皇花木記所謂凡花以海名者皆從海外來也今處處有之木不甚

高大枝柯附幹自地便生作叢種極易息折其條盤土中便生花有黄赤二色實亦有甘酢二種甘者可食酢者入藥又一種山石榴形頗相類而絕小不作房青齊間甚多不入藥但蜜漬以當果疑卽今之火榴也齊民要術種石榴法三月初取指大枝長尺有半八九枝共爲一窠燒下頭二寸（不燒則漏汁）先掘圓坑深尺有七寸廣徑尺豎枝坑畔置枯骨礓

石於枝間骨石樹性所宜一層土一層骨石築實之令沒枝頭寸許水澆常令潤澤既生又以骨石布其根下則柯圓枝茂若孤根獨立雖生亦不佳十月天寒以蒲藁裹纏不裹則凍死二月初解放瑣碎錄云種石榴先鋪一重石子次鋪少泥又鋪石子安根方着根在其上用泥覆蓋平地多用大石壓之水雲錄云三月移石榴其栽插取嫩枝如指大者斬長一二尺枝頭以指甲

刮去一二寸皮深插於背陰地中無有不活若以白榴枝插於紅榴枝上其花粉紅粉紅亦另有種又臘月二十五日取嫩枝如小指大者插肥土中即活梅雨中亦活又有種子法先於樹頭號定向背霜後摘下以稀布囊貯之仍依舊號懸掛通風處復敲堅細土篩去瓦石潑糞數次收貯缸內至次年二月初取家用火盆鋪土三寸不得太厚每隔數寸

按一小潭納榴子數粒蓋土半寸許灑水令溼置向陽處候長寸許每潭揀留一大株肥水再澆既長分種盆內盆須極小種不宜深仍令向陽日澆數次有雨即蓋勿使淋去土味或以麻餅浸水當日午澆之則花茂盛或云盆榴無法只須浸曬冬間霜下收回南簷如土乾時略將水潤至春深氣煖可放石上翦去嫩苗勿令高大盛夏置日中或曬屋上

免近地氣致令根長及爲蚓蟻所穴每朝用米泔水沉沒花斛浸約半時取出日曬如覺土乾又復浸之殆良法也長佩花史曰榴品不一必以千葉紅榴爲正然就千葉中亦自迥別如吾蘇種則枝葉俱麄花瓣密綴黃粟五月盛開至七八月花事未闌較他榴爲特久有數花攢聚并成一朵者謂之餅榴有一花纔謝蒂中更發一花者謂之臺榴俗呼翻

花石榴又有一種紅白相間比常花最鉅謂之瑪瑙榴總之非京種也京榴有二種葉細者枝亦柔栽翦之即多曲折而花瓣較麁麁葉者花特細整而枝硬直少致二美實難兼也近有一種花葉俱細者從古榦吐奇葩兼擅其美稱獨步矣大抵榴不難生息而難培養插寸枝於土中灌水即活不三年成樹稍失灌溉蛀即隨之前功盡失故養榴之法無

間寒暑以肥澆爲上大暑中尤宜頻澆常令土潤澤則蛀不生往寓山中寓主植榴數本甚奇古時三月既望新綠滿枝紅英萩發忽一日皆掐去問其故云是無庸留留即枝葉冗長花蘂亦終脫落必稍遏其生機迨四月間長新枝即短茁如老榦花亦耐久因悟南人脩之既長不若北人挫其方萌者之爲得也

梨

梨木堅實枝葉扶疎高二三丈二月中開白花花較李花而大有二種瓣舒者佳最宜月下所謂梨花院落溶溶月也洛陽風土梨花時人多攜酒曰爲梨花洗妝別有紅梨花司馬溫公詩云繁枝細葉互低昂香敵酴醾豔海棠應爲窮邊太寥落併將春色付穠芳又曰蜀江新錦濯朝陽楚國纖腰傳薄妝何事白

花零落早同時不敢鬭芬芳八月實始成外黃內白脆美香甘眞快果也清異錄謂梨爲百損黃圖經本草曰梨種類殊別醫家相承用乳梨鵞梨乳梨出宣城皮厚而肉實其味極長鵞梨出都中及近都州郡皮薄多漿味差遜於乳梨其香則過之衍義曰梨多食則動脾唯病酒煩渴人宜食然終不能却疾魏文帝詔曰眞定梨大如拳甘若蜜脆若菱可

以解煩熱昔楊吉老善醫有人叩求診視吉老曰君來年當以疽毒死今氣血凝結無可解者沉思良久曰唯有鵞梨可往京師多買食之是知梨能解毒宜縣謂之百損黄也梨亦可釀酒癸辛雜識云李仲賓家有梨園一歲倍收不能盡售漫用大甕儲數百枚以缶掩蓋泥封其口逾半歲忽聞酒氣因啓視藏梨皆化爲水清冷可愛竟成佳醖飲之亦醉

今廣安州出紫梨到口即化遵化縣出綿梨山東六府並出其種曰紅消曰秋白曰香水曰鵞梨曰瓶梨唯東昌臨清武城三處者爲最而宜城梨　國初歲貢五千餘斤及都北平尚不輟貢後言者以河間遷安梨不減宜城乃罷之姑蘇志云梨出洞庭者十種蜜梨臨梨張公梨白梨黄梨消梨喬梨鵞梨大柄金花梨太師梨又云常熟韓丘出者名韓梨

皮褐色肉如玉每歲所生不多價極貴凡梨削皮切片不移時變色唯韓梨經日不變所以獨貴齊民要術曰種梨以梨熟時全埋經年至春地釋分栽之多著熟糞及水至冬葉落附地刈殺之以炭火燒頭二年即結子若穭生及種而不栽者則著子遲每梨有十許子唯二子生梨餘皆生杜插者彌疾插法用棠杜棠梨大而細理杜次之桑梨大惡石榴上插得爲上梨雖治十枚得一二也杜如臂以上者皆任插常先種杜經年後插之主

客俱下亦得然俱下者杜死則不生杜樹大者插五枝小者或三或二梨葉微動爲上時將欲開莩爲下時先作麻紉纏十數匝以鋸截杜令去地五六寸不纏恐插時皮披留杜高者梨枝繁茂遇大風即披其高留杜者梨樹早成然宜高作蒿箄盛杜以土築之令沒風時以籠盛梨則免披耳斜攕竹爲籤刺皮木之際令深一寸許折取梨枝之美而陽中者陰中枝則實少長五六寸亦斜攕之令過心大小長短與籤等以刀微劚梨枝劚烏更切斜攕之

際剝去黑皮（勿令傷青皮，傷即死）。拔去竹籤，即插梨至劉處，木還向木，皮還近皮，插訖，以綿幕杜頭，封熟泥於上，以土培覆，令梨枝僅得出頭，以土壅四畔，當梨上沃水，水盡以土覆之，勿令堅涸，百不失一（梨枝甚脆，培土時宜慎之，勿令手掌撥折）。其十字破杜者十不收一（木裂皮開，虛燥故也）。梨既生，杜旁有葉輒去之，不去勢分，梨長必遲。居家必用云：以春分日將旺梨笄作拐樣，斫下兩頭，用火

燒紅鐵器烙定津脉，栽之入地二尺許（只用春分日前後一日，俱不可）。又云：梨子最怕凍，安頓煖處，又不宜與酒相近。便民圖纂曰：梨春間下種，待長三尺許移栽，或將根上發起小科栽之，俟幹如酒盃大，於來春發芽時取別樹生梨嫩條如指大者，截長七八寸，名曰梨貼，將原幹削開兩邊，插入梨貼，稻草緊縛，不可動搖，月餘自發芽長大，即生梨。梨生，用箬包裹，恐象鼻

蟲傷損。洞庭山梨俱用此法。或云接梨桑上，生子甘脆，然齊民要術獨殿桑梨，似未可盡信。爾雅翼云：樝梨曰鑽之，蓋樝梨爲蜂所喜，被螫輒不可食，故鑽去之。今人皆就木上大作油簍裹之，梨滋長大而無傷。

櫻桃

櫻桃古名楔桃一名荊桃一名朱桃一名含桃一名英桃又名鸎桃禮記曰仲夏之月以雛嘗黍羞以含桃先薦寢廟埤雅云爲木多陰其果先熟許愼曰鸎之所含食故曰含桃亦謂之鸎桃云圖經本草曰櫻桃處處有之而洛中南都最勝其實熟時深紅色曰朱櫻正黄色者曰蠟櫻極大若彈丸核細而肉厚者

爲難得食之調中益氣美顏色雖多無損但發虛熱衍義曰此果三四月間熟得正陽之氣故性熱吳郡志曰自唐已有吳櫻桃之名今之品高者出常熟縣色微黄名蠟櫻者味尤勝朱櫻不能尚之白樂天吳櫻桃詩云含桃最說出東吳香色鮮濃氣味殊松江府志曰初熟時烏雀羣飛就啄白頭翁尤好食之故種此樹者聚作一所可便料理或用網覆

樹頂或用鈴索看護又遇雨則皆零落仍用葦箔遮覆齊民要術曰此果性生陰地既入園圃便是陽中故多難得性宜堅實之地不可虛糞便民圖纂曰三四月間折樹枝有根鬚者栽於土中以糞澆之則活八月中亦可分栽臘月以糞澆灌再取熟過河泥壅之方得茂實肥大浣花雜志曰黄梅雨內插之即活三才圖會曰其葉可搗傅蛇毒亦搗汁服

東行根可殺寸白蟲

汝南圃史卷之三

汝南圃史卷之四目錄

汝南圃史卷之四目錄

汝南圃史卷之四

吳郡周文華含章補次

木果部

枇杷

枇杷葉似琵琶故名一名盧橘唐子西云枇杷盧橘一也而上林賦曰盧橘夏熟又曰枇杷橪柹則顯然二物吳曾引張勃吳録云建安郡中有橘冬月於樹上覆裹之至明年春夏色變青黑味尤絕美魏主花木志云蜀土有給客橙亦名盧橘乃知枇杷不當冒盧橘之名矣唯廣人呼盧橘爲枇杷遂以枇杷爲盧橘圖經本草曰枇杷木高丈餘葉作驢耳形背有毛其本陰密枝葉婆娑四時不凋盛冬開白花至三四月成實故謝瞻賦云稟金秋之青條抱東陽之和氣肇寒葩於結霜成炎果乎纖露其作實毬如黃梅皮肉甚薄中核

如小栗四月採葉暴乾治肺氣止渴疾漳州志云春果已過夏果未成此果適熟故諺有枇杷黄果子荒之説蘇州志云枇杷肉厚味甘或有核者小如椒故名椒子枇杷春三月宜用本色接接果經謂此本初接則核小再接則無核便民圖纂云以核種之即出待長移栽宜用淋過淡灰壅根若澆糞則葉謝本死

楊梅

楊梅如楮實有紅紫白三色以五月中熟圖經本草曰楊梅亦生江嶺南其本若荔枝而葉細陰厚其實生青熟紅肉在核上無皮殻核中有仁甚香王羲守會稽童貫患脚氣或云楊梅仁可療羲獻五十石因擢待制忠雅云楊梅樹不甚高大實如彈丸始青中紅終紫味酸而甜多生包山等處江浙佳果也楊州有一種白者土人呼爲聖僧梅張司空言地瘠生楊梅恐非王論吳邑志曰楊梅爲吳中名品出光福山銅坑第一聚塢次之洞庭所産尤多唯宜醃以行遠其他蜜漬磬妝火燻糖浸皆有法西湖游覽志曰楊梅諸山多有之而煙霞塢東墓嶺十八澗臯亭山者肉鬆核小味尤甜美閩廣人盛稱荔枝無物可比或以西凉蒲萄當之然總不若吳越楊梅也

柯正平詩云五月楊梅已滿林初疑一一價千金味方河朔蒲萄重色比瀘南荔子深則古人已有舉而方之矣便民圖纂云六月間糞池浸核取出收盦二月鉏種待長尺許次年三月移栽三四年後接以別樹生子枝條復栽山地多留宿土臘月開溝於根旁高處離四五尺許以灰糞壅之不宜著根每遇雨肥水滲下則結子肥大楊梅種宜山地平土

雖可移植子小不肥結亦甚少或云以青石屑拌黃土種之糞以羊矢則盛又云桑上接楊梅生子不酸樹或生癩以甘草釘之

柰 林檎 蘋婆附

柰俗名花紅晉成帝時三吳女子相與簪白花望之如素柰謠言天公織女死爲之著服則柰花當白色而南土花紅花作粉紅黄精鈎吻豈是耳鑒耶別有一種曰林檎一名來禽洪玉父云以其味甘來衆禽也王右軍有來禽青李帖而周興嗣所編千字文亦云果珍李柰則柰與李俱非常品本草曰林檎味酸

甘溫不可多食其樹似柰其形圓亦如柰陳士奇云此有三種長大者爲柰圓者林檎夏熟小者味澀爲梣秋熟本草又曰柰味苦寒多食令人臚脹病人尤甚陶隱居云江東乃有而北地最豐皆作脯不宜人有林檎相似而小亦恐非益人也齊民要術曰柰有白青赤三種張掖有白柰酒泉有赤柰西北方多柰家家作脯數十百斛以爲蓄積如收藏棗

粟作柰脯法於柰熟時中破曝乾卽成王氏農書曰柰與林檎形相似也氣味相近也然柰性寒林檎性温則有不同按洛陽花木記林檎之别有六蜜林檎花紅林檎水林檎金林檎操林檎轉身林檎柰之别有十蜜柰大柰紅柰兔頭柰寒毬黄寒毬蘋蒲海紅大楸子小楸子今吳下總名花紅不知林檎與柰何别花紅以二月開花花如海棠結子至六

月中熟有極大者甘鬆可食吳郡志云蜜林檎味極甘如蜜雖未大熟亦無酸味本品中第一北都尤貴之他林檎雖硬大且甜紅亦有酸味鄉人謂之平林檎或曰花紅林檎皆在蜜林檎之下然則花紅之名在宋已然矣蘇州志云好事者以枝頭向陽未熟時剪紙爲花鳥貼其上待紅熟乃去紙則花紋燿爍入盤飣可愛便民圖纂云花紅將根上發起

小條臘月移栽然此木非接不結接用本色二月八月皆可接其樹多蟲有蛀蛀屑卽爲蟲穴時時以鐵線鈎取用百部或杉木釘塞其竅生毛蟲則以魚腥水潑根或埋蠶蛾於地下别有金林檎花尤勝而實比花紅爲最小熟亦最遲吳郡志云金林檎以花爲貴紹興間有南京得接頭至行都禁中接成其花豐腴艷美百種皆在下風始時折賜一枝惟

貴戚諸王家方得之其後流傳至吳中今所在園亭皆有此花雖多而貴自若亦須至八九月始熟是時已無夏果人家亦以飣盤此花知者以爲金林檎而不知者以爲西府海棠也若蘋蒲則出北直山東等處其味甘香細膩山東通志云林檎出章丘益都兗亦有之有甘酢二種甘者早熟酢者差晚又云蘋婆大如柑橘色青山東多有之亦曰苹坡蘋

婆夏初亦未可啖秋深味全别有呼刺賓沙果皆其類也而形味差減

榛

榛叢生葉如麻而闊大四月花開色白如栗花結實作毬毬中有核即榛也核中有仁白色甘味本出北地今吳中園圃間有之齊民要術曰周官曰榛似栗而小說文曰榛似梓實如小栗衛詩曰山有蓁詩義疏云蓁栗屬或從木有兩種其一種大小枝葉皆如栗子形似杍子味亦如栗所謂樹之蓁栗者其一種

枝莖如木蓼葉如牛李色生高丈餘其核中悉如李生作胡桃味膏燭又美亦可食噉漁陽遼代上黨俱饒其枝莖生樵爇燭明而無煙栽種與栗同按賈說後一種即今所謂榛子也爾雅翼曰鄭注云榛似栗而小關中鄜坊甚多然則其字從秦蓋此意也邶詩曰山有榛云誰之思西方美人旱麓之詩曰瞻彼旱麓榛楛濟濟說者以榛可為贄為文事楛

可爲矢爲武事是不然榛楛皆用之武事說文榛木也一曰菆也春秋傳所謂致師者左射以菆菆蓋矢之善者傳云女贄不過榛栗棗脩則又兩者皆可用本草曰榛子味甘平無毒主益氣力寬腸胃令人不饑健行生遼東山谷樹高丈許子如小栗軍行食之當糧中土亦有

葡萄

葡萄胡種漢武帝使張騫至大宛攜歸於離宮別館盡種之有黃白黑三種圖經本草云葡萄生隴西五原燉煌山谷今河東及近京諸郡皆有苗作藤蔓而極長大盛者一二本綿亘山谷花極細黃白色其實有紫白二色而形有圓銳二種又有無核者七八月熟取其汁可以釀酒魏文帝詔云醉酒宿醒掩露而

食甘而不餶酸而不酢冷而不寒除煩解悁他方之果寧有匹者今有二種紫者名馬乳白者名水晶吳邑志云葡萄熟時紫黑有漿然其顆不大又雜以青紅江南產終不如北農桑撮要云二月插葡萄先於去年冬間截取藤枝旺者約長三尺埋窨於熟糞內候春間樹木萌芽時取出看有芽生以藤杆蘿蔔內埋二尺在土中生根留三五寸在土外苗

長蔓延作架承之須以煮熟肥汁放冷澆灌三日後以水解之早則輕鋤根旁沃以清水至結子時剪去繁葉使受夜露冬月收藤用草包護二三月間皆可插栽癸辛襍識云正月將盡取葡萄枝長四五尺者卷爲小圈令緊先治地令土肥鬆種之止留二節在外異時春氣發動衆萌盡吐而土中之節不能條達則盡萃英華於出土之二節不二年成大

棚大如棗而多液居家必用云栽葡萄於棗樹邊於春間鑽棗樹作一竅引葡萄枝入竅內透出伺二三年其枝長大塞滿斫去葡萄根托棗爲生其實如棗復用麝香入其根皮以米泔和黑豆汁澆更有香味元遺山葡萄酒賦序云劉光甫爲予言安邑多葡萄而人不知有釀酒法少日常摘其實并米炊之釀雖成而不佳貞祐中鄰里一民家避冦自山

中歸見竹器所貯葡萄在空盎中者枝蔕已乾而汁留盎中薰然有酒氣飲之良酒也蓋久而腐敗自然成酒不傳之秘一朝而發之予亦嘗見還自西域者云大石人絞葡萄漿封而埋之未幾成酒愈久愈佳有藏至千斛者其說正與此合岳季方云酉陽襍俎白氏六帖皆載葡萄由張騫自大宛移來按本草已具神農九種當塗熄火去騫未遠而魏文

之詔實稱中國名果不言西來自唐以前無此論乃知大宛之種必與中國異故博望取之比戍酒泉嘗販胡之乾名瑣瑣比中國者差小形圓而色正赤甘美非中國可敵則予所見庶或得之張芳洲亦有詩聞道乘槎客相攜到漢庭何緣嘗草日先自入醫經瑣瑣葡萄形甚細如胡椒大出土魯番性熱可發痘疹蓋葡萄之別種耳亦云蒲萄

銀杏

銀杏葉似鴨脚古名鴨脚樹蔬圃襍記曰銀杏實如杏而核中有仁可食故曰仁杏今云銀杏似是而非一名公孫樹言公種而孫始得食北人稱爲白果南人亦呼之吳俗皆稱靈眼又稱白眼其木高大多歷年歲或至連抱其木理最細用作園亭顏額甚雅摹刻名書不失筆法其花夜開晝落實大如枇杷每一枝有百十顆八九月熟積而腐之惟取其核卽銀杏也核白肉青煨熟食之甘香可人能收小便令不數亦易飽仍有粳糯之分糯者肥輭香滑粳者不堪食歐陽公詩云鴨脚生江南名實未相浮絳囊因入貢銀杏貴中州又云始摘纔三四歲久子漸多梅聖俞詩云北人見鴨脚南人見胡桃識內不識外疑若橡栗韜鴨脚類綠李其名因葉高則知是果

之見重自宋始矣其木有雌雄雄者不結實瑣碎錄云雄者三稜雌者二稜須合二種臨池栽之照影卽生或將雌樹鑿孔以雄木塡之無不結實農桑撮要曰二月於肥地用灰糞種之俟長成小樹次年春分前後移栽栽時連土用草包或麻繩束方始易活若接卽用本色此果性寒不宜頻食小兒食多者死或云食銀杏遇毒腹脹連飲冷白酒幾盞吐出則愈不吐則死

棗

棗樹高二三丈木堅實可刻字勝於梨木爲書坊之用而紋理極細每刻人物畫像必需之葉細而有光四五月開細白花甚香結實長可二寸許亦有上狹下闊如壺形者八月而熟味甘詩云八月剝棗是也埤雅云棗實未熟雖擊不落已熟不擊自墮筆談曰棗與棘相類皆有刺棗獨生高而少横枝棘列生痺

而成林以此爲别其文皆從朿音刺木芒刺也朿而相戴立生者棗也朿而相比横生者棘也圖經本草曰大棗乾棗也棗竝生河東今近北州郡皆有而青晉絳州者特佳江南出者堅燥少脂棗之類最多郭璞注爾雅有壺棗云今江東呼棗大而銳上者爲壺壺猶瓠也有邊腰棗云子細腰今謂之鹿盧棗有擠白棗云即今棗子白乃熟有樲酸棗云木小實酢者有遵羊棗云實小而圓紫黑色俗呼羊矢棗楊徹齊棗云未詳有洗大棗云今河東猗氏縣出大如雞卵有煑填棗云未詳有蹶泄苦棗云味苦者有皙無實棗云不著子者有還味捻棗云還味短味也今園圃皆種蒔之亦不能別其名又其極美者則有水菱棗御棗之類皆不堪入藥蓋肌實輕虛暴服之則枯敗唯青州之種最佳蓋晉絳實大

不及青州者之肉厚相傳爲樂毅來齊所種又名樂氏棗按今鮮棗吳越通謂之白蒲棗其乾者率自河南山東等處來有大棗紅棗膠棗或蒸熟或生致或熟而撚去其皮惟大棗尤多窨雲棗核細形小紹興出南棗甘膩似窨雲而形長大南都姚坊門棗最有名皆棗中之佳品也種法選味好者春間種之候葉始生而移栽（棗性硬故生晚栽早者生遲也）三步一樹行

欲相當地不耕也欲令牛馬踐履令淨棗性堅強不宜苗稼若耕荒穢則蟲生須淨地堅饒實故宜踐也元旦日出時反斧班駁椎之名曰嫁棗不椎則花而無實斫則子萎而落也候大蠶入簇以杖擊其枝間振去狂花不打花繁而實不成全赤卽收收法日日撼而落之爲上半赤而收者肉未充滿乾則色黃而皮皺將赤味亦不佳全赤久不收則皮硬復有烏雀豕之患曬棗法先治地令淨有草萊令棗臭布椽於箔下置棗於箔上以扒聚而復散之一日中二十度夜仍不聚得霜露氣速成陰雨時乃聚而苫蓋之五六日後別擇去紅軟者上高廚而暴之廚上者已乾雖厚一尺亦不壞擇去胮爛者胮溥江切○胮者永不乾留之徒汚棗其未乾者曬暴如法便民圖纂曰棗將根上發起小條移栽侯幹如酒鍾大三月終以生子樹貼接之則結子繁而大昔秦饑應侯請發五苑之果蔬橡棗栗以活民孔融爲東萊賊所攻治中左承祖以官棗賦戰士我

太祖高皇帝令民種桑棗不種者有罰亦以備

凶荒之用云爾

栗

栗四月開花其花與他花特異枝閒綴花長二三寸許山人云俟其落收之點火風雨不滅圖經本草曰栗生山陰今處處有之而兖州宣州者最勝木極類櫟花青黃色似胡桃花實有房彙若拳中子必三五小者若桃李中子唯一二將熟則罅拆子出凡栗之種類亦多栗房當心一子謂之栗楔治血尤效果中

栗最有益治腰脚宜生食之仍略暴乾去其木氣惟患風水氣不宜食以其味鹹故也衍義曰栗欲乾莫如曝欲生收莫如潤沙中藏至春末夏初尚如新收小兒不可多食生者難化熟即滯氣隔食生蟲往往致病所謂補腎氣者以其味鹹又滯其氣耳爾雅翼云有患足弱者坐栗木下多食之至能起行日用本草云嚼生者塗瘡及罨刺不出吳郡志曰

頂山栗出常熟縣比常栗獨小香味勝絕號麝香囊以其香而軟也微風乾之尤美每歲所出極少土人得數十百枚則以綵囊貯之饋送佳客此栗與朔方易州栗相類但易栗殼多毛頂栗殼瑩淨耳瑣碎録云栗採實時要得披殘其枝明年益盛又云炒栗須染油手指逐枚指之則膜不沾肉風栗法曬乾置麻布袋中或竹籃内懸當風處常常簸弄之

久之極清甘有風味齊民要術云栗種而不栽栽者雖生尋死栗初熟出殼勿令見風即於屋内深埋溼土若路遠以韋囊盛之停二日以上及見風者則不復生矣至春二月芽生出而種之既生數年不用掌近凡新栽樹皆然惟栗尤甚十月天寒以草裹之二月乃解便民圖纂云栗臘月及春初將種埋溼土中待長六尺餘移栽二三月間取别樹生子

大者接之尤宜以櫟樹接或云與橄欖同食作梅花香味宋人呼爲梅花脯

胡桃

胡桃一名核桃又名羌桃博物志曰張騫使西域還得胡桃實圓而青如銀杏剖之乃得核核內有肉白色肉外有膜黃色有小者大者有脫肉不脫肉者味脆美與榛子相近蓋佳果也圖經本草曰胡桃生北土今陝洛間多有之大株厚葉多陰實亦有房秋冬時熟採之性熱不可多食初張騫植之秦中後漸生

東土本草曰胡桃味甘平無毒食之令人肥健潤肌黑髮多食利小便能脫人眉外青皮染髭及帛皆黑其樹皮可染褐其木舂斫皮中出水承取沐頭至黑忠雅曰力能銷銅令試以其肉和錢同嚼錢亦可嚥又曰胡桃入火中燒半紅埋灰中經三五日不燼山東通志云胡桃出濟兖青三郡青州者爲佳今商賈販鬻悉從彼焙乾頗能致遠吳中園圃間

亦有之樹亦易長高至三五丈下種可出數年乃生水雲錄曰種核桃將桃平埋土中卽生若以尖縫向上則水浸仁壞不生接用本色別有山核桃八閩通志云山核桃木高數丈葉翠如梧桐其實堅三輔黄圖謂之萬歲子北戸錄曰山胡桃皮厚底平狀如檳榔又占畢國出偏核桃形如半月狀波斯人取食之絕香美

柹

柹木實根固葉大而肥似山茶葉四月結實花綴實臍或紅或黄甘凉可食其品不一姑蘇志云柹出常熟東鄉者名海門柹出虞山帶正方色如赬紅者爲方蔕柹九月中皮黄卽摘下以漸自熟慮將熟時有白頭翁來啄如必欲久留樹上用箬包裹聞見後錄云種柹有七絕一壽二多陰三無鳥巢四無蟲蠹五

霜葉可愛六嘉實七落葉肥大又柹葉多蝋而枯葉則潤澤古人取以臨書歸田錄云唐鄧間多大柹其初生澀堅實如石凡百十柹以一榠櫨置其中（榲桲亦可）則紅熟而味極甘食經曰以灰汁澡柹再三度乾令汁絕著器中經十日可食瑣碎錄云紅柹摘下未熟每籃置木瓜兩三枚柹無澀味山東通志云柹餅出青州柹以大方名蓋肖形也又有名圓蓋

柿者青人取之製爲餅漸生霜王氏農書作柿乾法生柿撛其厚皮捻匾向日曝乾內於瓮中待柿霜俱出可食甚凉其霜收之甘凉如蜜可醫口瘡及咽喉熱積圖經本草曰柿不可與蟹同食令人腹痛作瀉別有一種椑柿葉毛實青黑所謂梁王烏椑之柿是也八月收柿漆每柿子一升擣碎用水半升釀四五時搾取漆令乾添水再取亦得可供做傘

之用便民圖纂云冬間下種待長移栽肥地接用椑柿接及三次則全無核接桃枝則成金桃令按佳種核自少不須接然金桃亦別自有種不必柿本接也

橘 柚柑附

牛僧孺幽怪錄有生於橘者摘剖之有四老人焉其一曰橘中之樂不減商山恨不能深根固蔕耳由是有橘隱名楚屈原作離騷其橘頌一章有曰后皇嘉樹橘徠服受命不遷生南國宋謝惠連橘賦亦曰園有嘉樹橘柚煌煌以是知橘實佳物昔人所愛慕若此孔安國曰小曰橘大曰柚郭璞亦云柚似橙而大

於橘溫無柚而種橙者少非土所宜也本草載橘柚味辛溫無毒主去胸中瘕熱利水穀止嘔欬久服通神輕身長年陶隱居云此言橘皮之功若此其實之味甘酸食之多痰無益其說爲是隱居不敢輕注本草蓋此類也今橘柑出南中閩粵吳楚在在有之具載圖經譜錄其種極多玆不能盡述姑就所經見者疏其品類一名沙橘錄云取細而甘美之

稱或曰種之沙洲之上地虛而宜於橘故其味特珍其狀魁梧上尖下闊宛似壺形與柑不殊而得橘名皮肉香甘皆可啖風味特遠往時此種絕少今乃盛行葉大如掌遇霜易枯嗅之亦不甚辣與波斯海紅相似而實不同一名波斯橘壅腫如波斯其樹葉形狀悉類沙橘多漿而味苦擘之亦不香近有傳盛氏龍泉橘來者以爲異嘗之即波斯橘耳此

種江右最多又呼撫州橘一名匾橘姑蘇志云此橘出吳江縣村落多種之以其形匾故名今按匾橘隨地皆有獨吳縣諸山所產味甘有極大者皮薄肉美中可容一指故又名穿心橘宜於早食久藏則漿少一名蜕花甜枝葉繁碎形鉅肉甘皮黃如蠟光澤可愛花落後即堪啖故得名然亦須霜後味始全美此果耐久可蓄人多重之姑蘇志云蜕花甜

早紅其品稍下似不盡然一名南橘枝葉似蜕花甜形狀又類襄橘但色紅形大皮薄易潰味亦甘美品在襄橘上一名衢橘產於衢州府之西安縣他邑皆無形甚鉅皮光色正黃味極甘香吳下盛行品價增貴性亦易潰取其核種於他土便不若本產之佳一名襄橘今園圃多植之種自襄陽傳來故名然亦有不同者有皮厚而麻形鉅味美有皮薄而

光形小味劣樹皆易植果亦耐久善藏者二三月出之如新一名香橘與襄橘相似剖之有一種芳香之氣味亦甘清自與襄橘不同一名早紅橘皮黃味酸早熟亦有大如匾橘者一名貢橘即今所謂福橘皮薄色紅肉最甘香本出閩地八郡皆產獨福漳來者爲最上供之餘隨以售人載至吳中藏貯甚艱多致溼爛獨難於無斑痕其價甚昂往嘗有一

枝易數文者近吳縣洞庭有漆碟紅疑即此種其実而鉅者遂能亂眞由是福橘之價亦頓減矣一名蜜橘皮薄色黃其甘如蜜擘開甚香其枝條特長衆葉攢之而上圃中最易辨識亦佳種也然有二種一皮麻味酢一皮光味甘其品較然一名麻塘南形似蜜橘其色正黃而有麻點比蜜橘稍長早熟味甘蜜橘瓤厚此橘瓤薄而漿尤多性亦易潰一名

小沙橘形長皮薄色綠轉紅柄間臃腫味甘而清稍淡相傳爲崑山俞氏種或指爲綠橘或又指爲衢橘皆非也其枝葉卷起與南橘相近而特覺疎朗一名甜瓶橘形長皮薄其瓤可數也色紅味甘每顆六瓤多或七瓤核亦甚少此誠佳品又名糖罐又直呼之爲六瓤頭一名甜橘形長皮薄色紅皮肉相懸氣味鮮美早熟亦可久藏與貢橘相近一名朱

橘又名染血俗呼鎗血塘南皮比支柑尤紅而色光澤味甘多核品在支柑之上與柑橘相似一名支柑皮紅而色燥味頗酸枝葉疎爽離落間及樽俎上燦然可愛其味則劣又名猪肝一名黃塘南形小色黃結子甚繁有一枝而數百實者望之可愛味酢易潰自衢州來俗名小衢橘亦必彼產爲甘在松江則名椒橘以其香似椒也一名龍泉橘形如蜺

花甜稍大而圓皮色黃澤如蠟衆橘未熟此種先黃瓤肉厚而味頗酢未爲佳品橘錄載有九法一曰種治柑橘宜斥鹵之地凡圃之近塗泥者實大而繁其味尤珍耐久不損名曰塗柑販而遠適者遇塗柑則爭售方種時高者畦壟溝以泄水每株相去七八尺歲四鋤之薙盡草冬月以河泥壅其根夏時更漑以糞壤其葉沃而實繁者斯爲園丁之良二

曰始栽取朱欒核洗淨下肥土中一年而長名曰柑淡其根荄蔟蔟然明年移而疏之又一年木大如小兒之拳遇春月乃接取諸柑之佳與橘之美者經年向陽之枝以為貼去地尺餘鋸截之剔其皮兩枝對接勿動搖其根撥掬土實其中以防水蒻護其外麻束之緩急高下俱得所以候地氣之應接樹之法已載於前是蓋老圃能之工之良者揮斤之

間氣質隨宜無不活者過時而不接則花實復為朱欒人力之有參於造化每如此三曰培植樹高及二三尺許剪其最下命根以瓦片抵之安於土雜以肥泥實築之始發生命根不斷則根迸於上中枝葉乃不茂盛四曰去病木之病有二癬與蠹是也樹稍久則枝幹之上苔蘚生焉不去則蔓衍日滋木之膏液蔭蘚而不及枝也故幹老而枯必用鐵器

時刮去之刪其繁枝之不能華實者以通風日以長新枝木間時有蛀屑流出必有蟲蠹視其穴以鈎索之仍用杉木作釘以窒其孔不然則木心受病日以凋零異時作實未能全美柑橘每先時而黃者皆其受病於中治之不早故也五曰澆灌圃中貴雨暘以時旱則堅苦而不長雨則暴長而皮多拆或瓤不實而味淡必溝以泄水俾毋浸其根方亢陽

時抱甕以潤之糞壤以培之則無枯瘁之患六曰採摘歲當重陽色未黃時有採之者名曰摘青舟載之江浙間青柑固人所樂得然採之不待其熟此巧於商者間或然爾及經霜之二三夕纔盡翦遇天氣晴霽數十輩為群以小翦就枝間平蒂斷之輕置筐筥中護之宜謹懼其香霧之裂則易壞霧之所漸者亦尤畏酒香凡採者竟日不敢飲七曰收藏

採藏之日先淨掃一室密糊之勿使風入布稻藁其間堆柑橘於地上屏遠酒氣旬日一翻揀之遇有微損即時揀去否則侵損附近者寧屢汰去以待賈十或僅存五六人有掘地作坎攀枝條之垂者覆之以土至明年盛夏時開取色味猶新但傷動枝條有妨次年生意耳八曰製治朱欒作花比柑橘絕大而香就樹採之用箋香細作片以錫爲小甑每

入花一重則入香一重使花多於香竅花甑之旁以泄汗液用器盛之炊畢即撤甑去花以液浸香明日再蒸凡三換花始暴乾入甆器密盛之他時焚之如在柑林中柑橘并金柑皆可切瓤去核漬之以蜜絕佳鄉人有用糖煅橘者謂之藥橘入罋之灰於鼎間色乃黑可以將遠又橘微損則去皮以瓤安竃間用火熏之曰熏柑或更置糖蜜中味亦佳矣

九曰入藥橘皮最有益於藥去盡脉則爲橘紅青橘爲青皮皆藥之所須者大抵橘皮性溫平下氣止嗽熱攻痰瘧服久輕身至橘子尤理腰膝近時難得枳實人多植枸橘於籬落間收其實剖乾之以和藥味與商州之枳幾逼眞矣枸橘又未易多得取朱欒之小者半破之日暴以爲枳異方醫者不能辨用以之治疾亦愈藥貴於愈疾而已何必辨其眞

僞耶

柚枝葉扶蘇結實最鉅有如小斗者肉有紅白二種其紅者味甘酸如楊梅極有風味近沈雙梘爲福州守攜歸吳中錄其核種之十年乃生形雖偉而味頗酢白色者不足貴亦可藏至二三月間以其少故珍之

柑類亦多其名少異橘錄云凡圃之所植柑之比橘纔十之一二大抵柑之植立甚難灌溉

鋤治少或失時至歲寒霜雪柑之枝頭殆無
生意橘則猶故也得非瓊杯玉斝自昔易闕
邪永嘉宰勾君濤有詩聲其詩曰只須霜一
顆壓盡橘千奴則黄柑位在陸吉之上不待
辨可知一名朱柑又名猪肝又名支柑支紅
而色燥味頗酸枝葉疎爽離落間樽俎上燦
然可愛入口則劣一名溼柑形鉅而圓皮黄
味甘酸有風韻可以作湯及丁一名乾柑形

圃史　卷四　柑　九　書帶齋

長皮純緑轉黄比溼柑差小漿少味淡凝即
古之木柑一名紅柑皮粗葉大掐之有臭氣
比大香橼枝柯軟弱外黄内紅味甘酸藏之
愈久愈佳一名金柑又名金橘樹本婆娑葉
細如黄楊須接或過枝而生無直脚者此柑
在橘中最細形如彈大其肉酸而皮味芳香
甘美柑橘皆以鄧此獨以皮柑橘皆以四月
開花此獨以五六月柑橘皆以小雪前後採

摘此獨俟其將熟即採爲佳稍遲遇風雨則
忠裂味失矣歸田録云金橘產於江西以遠
難致都人初不識明道景佑初始與竹子俱
至京師竹子太酸人不甚喜後遂不至唯金
橘清香味美置之樽俎間光彩的皪如金彈
丸誠珍果也都人初不甚貴後因温成皇后
好食之由是價重京師或欲久留藏置菉豆
中可經時不變云橘性熱而豆性凉故能久

圃史　卷四　柑　書帶齋

也又有一種牛㚢金柑出廣東浙江今吾郡
最多形長如牛乳故名香味比圓者稍劣圓
者又名金豆出太倉沙頭者佳

橙香櫞附

橙木有刺而結橙經霜早黃膚澤可愛狀有似柑但圓正細實又非柑比人喜把翫之香氣馥馥可以熏袖可以芼鮮可以漬蜜其種亦異一名蜜橙皮厚而肥甘香可愛爲橙品中第一一名香橙與蜜橙相竝但香橙皮薄味酸形大如柑其葉亦尖以此爲别一名蟖橙卽名臭橙比蜜橙皮鬆味辣止可供蟖及爲

膏往時橙橘尚少人皆貴重今蜜橙盛行且有伐而爲薪者矣此種先熟易潰不堪久藏唯蜜橙可藏至來春二月不壞一名柑橙比蟖橙長大味亦相似又呼大蟖橙肉亦不甚酸然不如蜜橙之佳或曰皮橙也肉柑也故以柑橙名之

香圓卽香櫞葉尖長枝間有刺植之近水易生形長大色正黃清香襲人置之窻几間頗供清翫肉酢酒閙破之蓋不減新橙瓤可作湯皮可作丁葉可療病有大小二種小者香或云皮粗而形大者乃朱欒非香櫞也

汝南圃史卷之四

汝南圃史卷之五目錄

水果部

汝南圃史卷之五目錄

汝南圃史卷之五

吳郡周文華含章補次

水果部

荷

爾雅曰荷芙蕖其莖茄其葉蕸其本蔤其花菡萏其實蓮其根藕其中的菂中薏釋曰芙蕖其總名也別名芙蓉江東人呼荷菡萏蓮葉也的蓮實也薏中心也郭云蔤莖下白蒻在

泥中者今江東人呼荷花爲芙蓉北方人便以藕爲荷亦以蓮爲荷蜀人以藕爲茄或用其母爲花名或用根子爲母葉號此皆名相錯習俗傳誤失其正體也陸璣疏曰蓮青皮裹白子爲的的中有青爲薏長三分如鉤語曰苦如薏也埤雅曰荷總名也華葉等名具衆義故不以知爲問謂之荷也管子曰五沃之土生蓮古今注曰芙蓉一名荷花生池澤

中實曰蓮花之最秀異者也一名水芝一名水花有赤白紅紫青黃數種然紅白二色最多花大者至百葉周子愛蓮說云出淤泥而不染濯清漣而不妖中通外直不蔓不枝香遠益清亭亭靜直可遠觀而不可褻翫花之君子也建昌府志云並頭蓮近自浙江得種或並頭而開或四面而拱或蕊突而臺或紛糾而綴茜靚款盈奇態不可名狀卒之秋露

冷冷厭而不落雖經風雨而池上無殷紅委瓣殆兼牡丹之艷與菊之操矣宋時聚景園中有繡蓮紅瓣而黃緣結實如餡此又花之奇品也姑蘇志云蓮菂其紅花者實小而甘其白花者實大而淡花落實出始黃中玄爾雅翼云菂五月中生生啖脆至秋表皮黑菂成可食可磨以為飯輕身益氣令人強健又可為糜別有石蓮子衍義曰藕實就蓮中乾

者為石蓮子本草經云藕實莖味甘平寒無毒主補中養神益氣力除百疾久服輕身耐老不饑延年陶隱居云莖即是根不用不息言乾也宋帝時大官作血䘓音勘庖人削藕皮誤落血中遂解散不凝由是醫家用藕療血多效埤雅云芙蕖行藕如竹之行鞭節生一葉一華華葉常偶生故謂之藕食物本草云產後忌生冷惟藕不忌以其破血也蒸煑熟則開胃補五臟實

下焦蓮子生者動氣脹人熟者良並宜去心其葉及房皆破血胎衣不下酒煑服之葉蒂味苦主安胎去惡血留好血血痢煑服之西湖志云藕出西湖者甘脆爽口與護安村同區眼者尤佳其花白者香而結藕紅者豔而結蓮國史補曰蘇州進藕其最上者名嬰荷藕又名傷荷藕或云葉甘為蟲所傷又云欲長其根故傷其葉蘇州志云藕出吳縣黃山

南蕩者最佳花白者鬆脆且甘卽傷荷藕食之無滓他產不滿九竅此獨過之以此爲辨鎭江府志云藕以金壇爲勝花時所取曰花下藕尤甘脆令吳中所尚唯以高郵者爲貴較之他藕形色俱別皮斑黃如鐵鏽節短壯而多漿土人食之不以爲美過江則味愈佳且久藏不變爾雅翼曰葉可爽物齊師伐梁以糧運不繼調市人餽軍建康令孔奐以麥

屑爲飯荷葉裹之一宿之間得數萬裹癸辛雜識曰曬荷葉遇雨雨所著處皆成黑點藏荷葉則須密室見風則蛀損不堪用荷葉亦可行酒魏正始中鄭公慤三伏之際率賓客避暑歷城取大荷葉盛酒以簪刺葉令與柄通傳噏之名曰碧筩其後歐陽公在揚州每暑時宴客於平山堂遣人走邵伯取荷花千餘朶以畫盆分插百許盆與客相間遇酒行

卽遣妓取一花傳客以次摘其葉盡處則飲酒水雲録云採正開荷花置小金卮其中令歌童捧以行酒客受之左手執花柄右手分開花瓣以口就飲其馨香風致又過碧筩矣齊民要術種蓮子法八九月取蓮子堅黑者於瓦上磨頭令皮薄取墐土作熟泥封之如三指大長二寸使蔕頭平重磨去尖銳泥乾時擲於池中重頭沉下自然周正皮薄易生

少時卽出其不磨者皮既堅厚倉卒不能生也便民圖纂曰二月間取帶泥小藕栽池塘淺水中不宜深水待茂盛深亦不妨或糞或豆餅壅之則盛一云用煑酒瓶頭泥栽種瑣碎録云種蓮用臘糟少許裹藕種來年花盛又云種藕法春初掘取三節無損者種入深泥令到硬土穀雨前種當年有花又云蓮藕極畏桐油就池中以手掐去荷葉中心滴桐

油數點入其中雖數項亦盡今人家種盆荷先用稻管泥椿實其半壅牛糞寸許隔以蘆蓆置藕秧於上用溇中淤泥覆之若通潮水者尤妙或云清明前種花在葉上清明後種花在葉下

芰

芰一名菱俗謂之菱角圖經本草曰芰菱實也處處有之葉浮水面花落實生漸向水中乃熟實有二種一種四角一種兩角兩角中又有嫩皮而色紫者謂之浮菱食之尤美江淮及山東人曝其實以為米可以當糧道家蒸作粉蜜漬食之以斷穀水果中此物最治病解丹石毒然性冷不可多食又云多食令人

腹滿或犯此急煖酒和薑汁飲一兩盞即消爾雅曰菱蕨攈其葉似荇白花實有紫角刺人一名芰屈到嗜芰即此是也亦名薢茩說文云楚謂之芰秦謂之薢茩今俗但言菱芰凡草木書皆不分別惟武陵記云四角三角曰芰兩角曰菱其花紫色晝合宵炕隨月轉移猶葵之隨日鏡謂之菱花以其面平光影所成也爾雅翼云吳楚風俗當菱熟時士女

相與採之故有采菱之歌以相和為繁華流蕩之極招魂云涉江采菱發陽阿陽阿者采菱之曲也風俗通殿堂象東井形刻為荷菱荷菱皆水物所以厭火昔人取菱花六觚之象以為鏡采菱之風迄今尚存山陰志云越人謂小者為刺菱巨者為大菱四角者為沙角菱產莫盛於江陰每歲七八月菱舟環集鑑湖中王翰詩不知湖上菱歌女幾箇春舟

在若耶王十朋風俗賦云有菱歌兮聲悄是也松江府志云菱湖泖及人家多種之有青紅二種紅者最早七月初有之名水紅菱稍遲而大曰雁來紅曰鸚哥青青而大者曰餛飩菱極大者曰蝙蝠菱其最小者曰野菱吳郡志云折腰菱唐時甚貴之今名腰菱有野菱家菱二種近世復出餛飩菱最甘香腰菱賤矣蘇州志云折腰菱多兩角乾之曰風菱

近又有軟尖花帶二種產長洲顧邑墓實大而味勝號顧窰蕩唐東嶼詩交游萍荇侶菰蒲懷玉藏珍似隱儒葉底只因頭角露此生不得老江湖霏雪錄云吳縣橫涇長洲顧窰蕩二處所產菱大如拳七八枚可一斤他處莫及姑蘇志云婁縣菱出崑山之婁縣村如顧窰蕩而味略減便民圖纂云重陽後收取菱角用密籃盛浸河內待二三月發芽隨水

深淺將竹削作火通樣式箝住老菱插入水底若欲加肥用大竹開通其節灌糞注之水雲錄云二月種菱先取老菱水泡三日後用手插入泥中泥欲肥根欲深則茂

芡

芡俗名雞頭生葉平鋪水面至秋作房如雞頭實藏其中圓白如珠蘇子容謂有五穀之甘可以療饑眞佳果也圖經本草曰雞頭初生雷池今處處有之生水澤中葉大如荷皺而有刺俗謂之雞頭盤花下結實其形類雞頭故名其莖蔌之嫩者名蔿蔌人採以爲菜茹七八月採實方言曰北燕謂之䓈青徐淮泗

謂之芡南楚江浙之間謂之雞頭本草經一名雁喙埤雅曰周官籩人加籩之實菱芡栗脯菱芡取諸水栗脯取諸陸所謂籩豆之實水陸之品也古今注曰芡一名雁頭一名芰揚升菴襍著亦以芰爲芡謂芡葉可衣菱葉不可衣遂引楚辭製芰荷以爲衣爲證恐未是埤雅引俗云荷花日舒夜斂芡花晝合宵炕此陰陽之異也爾雅翼則云芡花向日菱

花背日其陰陽不同而損益亦異似與前說相謬矣本草經曰雞頭實味甘平無毒主濕痺腰脊膝痛補中除暴疾益精氣强志令耳目聰明久服輕身不饑耐老神壯梅聖俞詩云蝟毛蒼蒼磔不死銅盤蠃蠃釘頭生吳雞鬭敗絳幘碎海蚌扶出珍珠明蘇子由詩云芡葉初生皺如縠南風吹開輪脫輻紫苞青刺如蝟毛水面放花波底熟森然赤手初莫

近誰料明珠藏滿腹剖開膏液尚模糊大盎磨聲風雨速淸泉活火曾未久滿堂坐客分升掬紛然咀嚼唯恐遲勢若群雛方脫粟姑蘇志云出吳江者殼薄色綠味腴出長洲車坊者色黄有粳糯之分今崑山出一種皮殼色皆綠粒大味鮮更勝於吳江便民圖纂云秋間熟時收取老子包浸水中二三月間撒淺水内待葉浮面移栽深水每柯離二尺許

先以麻豆餅屑拌匀河泥種之以蘆插記根
處十餘日後每柯用泥三四碗再壅

蔗

蔗叢生身似竹而實高六七尺及末抽葉似蘆
葉而大長三四尺其莖有節宋神宗問呂惠
卿蔗從庶何也對曰凡草種之則正生甘蔗
種之則旁生故圃襍記云按六書有諧聲蔗
庶聲庶古遮字非會意也若蔗從庶爲旁生
則鷓鴣蟅蟲亦旁生耶其説近是又名諸蔗
南方草木狀曰諸蔗一名甘蔗交趾所生者

圍數寸長丈餘頗似竹斷而食之甚甘八閩
通志云甘蔗取汁曝數日成飴入口消釋彼
人謂之石蜜南人云甘蔗可消酒又名干蔗
司馬相如太尊柘漿析朝醒是也泰康六年
扶南國貢諸蔗一丈三節自八九月已堪食
收至三四月方酸壞忠雅云其味在根梢以
漸而薄故顧愷之啖蔗自梢至根漸入佳境
春種冬成搗其汁煮之則成黑糖又以黑糖

煑之則成白糖糖之精又成糖霜容齋隨筆曰糖霜之名唐以前無所見自古食蔗者始爲蔗漿宋玉所謂胹鼈炮羔有柘漿是也其後爲蔗餳孫亮使王門就中藏吏取交州所獻甘蔗餳是也唐太宗遣使至摩竭陀國取熬糖法即詔揚州上諸蔗榨瀋如其劑色味逾於西域然只是今之砂糖蔗之技盡於此矣不言作霜唯東坡送遂寧僧云涪江與中

泠共此一味冰冰盤薦琥珀何似糖霜美黃魯直答梓州雍熙長老寄糖霜云遠寄蔗霜知有味勝於崔子水晶鹽正宗掃地從誰說我舌猶能及鼻尖則遂寧糖霜見於文字實始二公甘蔗所在皆植獨福唐四明番禺廣漢遂寧有糖冰而遂寧爲冠四郡所產甚微而顆碎色淺味薄僅比遂之最下者唐大曆中有鄒和尚者始來小溪之繖山教民以造霜之法山前後爲蔗田者十之四蔗有四色曰杜蔗曰西蔗曰艻蔗本草所謂荻蔗也曰紅蔗本草所謂崑崙蔗也紅蔗止堪生啖艻蔗可作沙糖西蔗可作霜色淺土不甚貴杜蔗綠嫩味極厚專用作霜凡蔗最困地力今年爲蔗田者明年改種五穀以息之凡霜一甕中品色亦自不同堆疊如假山者爲上團枝次之甕鑑次之小顆塊又次之沙脚爲下

紫爲上深琥珀次之淺黃又次之淺白爲下今糖霜率自福建來白如水晶不聞有紫者豈今法更妙於古耶抑四川自有紫糖霜耶興化府志云造黑糖法冬月蔗成取而斷之入碓搗爛用大桶裝貯桶底旁側爲竅每納蔗一層以灰薄灑之皆築實及滿用熱湯自上淋下別用大桶盛之旋取入釜烹煉火候旣足蔗漿漸稠乃取油滓點化之別用大方

盤揾置盤內遂凝結成糖其面光潔如漆其脚粒粒如砂故又名砂糖每歲正月內煉砂糖爲白糖其法取乾好砂糖置大釜中烹煉用鴨卵連青黄攪之使渣滓上浮用鐵笊籬撇取乾淨看火候足別用兩器上下相承上曰囶胡困切下曰窩囶下尖而有竅窩內虛而底實乃以草塞竅取煉成糖漿置囶中以物乘熱攪之及冷糖凝定糖油墜入窩中三月

梅雨作乃用赤泥封之約半月後又易封則糖油盡抽入窩至大小暑月乃破泥取糖其近上者瑩白近下者稍黑遂曝乾之用木桶裝貯九月客商販買者畢集其糖油鄉人自買之王昭明云砂糖古無白者人亦不知所以白之之法後有置黑糖於土牆邊牆崩爲土所壓久而發之悉變成白乃知糖之變白其妙全在土封殆天啓之人不及是神懸云

十月初收蔗揀節密者連稍葉入窖至來年二月用猪毛和土犂長溝以蔗臥於溝內鬆土蓋之候三月間苗出用肥糞或蔴餅壅之仍去旁邊小苗止留大苗種蔗惟潮沙之地爲宜

西瓜

西瓜蔓生其實圓碧外堅內白味甘冷可止煩渴其子甘溫有紅黃黑白斑數色五代郃陽令胡嶠陷虜記云嶠於回紇得瓜種以牛糞結實大如斗以其出自西域故名西瓜松漠紀聞曰西瓜形如區蒲而圓色極青翠經歲則變黃其瓞類甜瓜味極甘脆中有汁尤清冷蓋唐以前經傳所云瓜即今之甜瓜非西

瓜也葉子奇云西瓜元世祖征西域中國始有種其說則謬陸深豫章漫抄云南昌郡產西瓜味不佳土人惟利其子以剝仁故江西瓜仁充贈遺甚盛神仙傳記青登瓜大如三斗魁玄表丹裏呈素含紅則古又未必無西瓜也魏劉楨瓜賦云藍皮密裏素肌丹瓤者此指何物豈本一類而西種特嘉故以得名姑蘇志載西瓜出吳縣薦福山者曰薦福瓜出崑山楊莊者曰楊莊瓜圓明村者爲圓明瓜便民圖纂云清明時於肥地掘坑納瓜子四粒待芽出移栽栽宜稀澆宜頻蔓短時作綿兜每朝取螢恐其食蔓迨至蔓長宜用乾柴就地引之能令多子若掐去餘蔓則極肥大一云種西瓜須鬆地先一年用稻管泥浸糞坑中一二日取出曬乾再浸再曬如此四五次乾之至二月盡每一稻管置瓜種四粒

稀植之瓜極大而甘一云下西瓜種欲密密則氣力齊易出土俟出分栽浣花雜志云西瓜最患移栽必子出本土者可多結又云西瓜小藤不結實謂之賊藤宜去之用豆餅於黃昏時覆根上明旦去之如此一二次則瓜甘美

葧薺

葧薺一名烏芋爾雅云芍鳧茨一名鳧茨吳俗又名地栗爾雅翼云既名鳧茨當是鳧好食之耳本草烏芋二月生葉如芋唐本注云此草一名槎牙一名茨菰兩者皆非鎮江府志云茨菰一名燕尾草根如芋或名田酥或名地栗混而不分總是承訛踵謬不究物理之故按圖經本草曰烏芋今鳧茨也苗似龍鬚

而細正青色根黑如指大皮厚有毛又云食之厚人腸胃不饑服丹石人尤宜常食為其能解毒耳崑山顧武祥作宦粤中將地栗作粉曬乾從家鄉帶去朝夕食之以解瘴毒又能濟凶年東觀漢記王莽末南方枯旱民多餓群入澤中掘鳧茨而食本草衍義曰烏芋卽今葧臍皮厚色黑肉硬白者謂之猪葧臍皮薄色淡紫肉軟者謂之羊葧臍正二月人

採食之此二種藥中罕用唯荒歲人多採以充糧興化府志云其性能毀銅取銅錢合鳧茨食之皆碎姑蘇志云出吳江華林者色紅味美不能耐久出長洲陳灣村者色黑形大帶泥藏之可以致遠有白皮者擦小兒花癬瘡有驗便民圖纂曰正月留種取大而正者待芽生埋泥缸内二三月復移水田中至茂盛於小暑前分種每柯離尺四五寸冬至前

後起之耘擁與種稻同豆餅或糞皆可壅

茨菰

茨菰一名剪刀草與葧臍根皆著土中可食然葧臍外紅黃而中白味甘茨菰則內外皆白味稍劣不可生啖葧臍葉細茨菰葉粗判然二物而說者多涵之姑蘇志直以茨菰爲烏芋蓋承本草之誤殊不知烏芋之名止可加於葧臍以其色黑也茨菰正白豈得言烏圖經本草曰剪刀草生江湖及京東近水河溝

沙磧中味甘微苦寒無毒葉如剪刀形莖幹似嫩蒲又似三稜苗甚軟其色深青綠每叢十餘莖內抽出一兩莖上分枝開小白花四瓣蘂深黃色根大者如杏小者如杏核色白而瑩滑五六七月採葉正二月採根一名慈菰一名白地栗一名河鳧茨土人爛擣其莖葉如泥塗傅諸惡瘡腫及小兒游瘤丹毒其腫立消四明郡志曰茨菰葉有兩岐如燕尾而大白花三出一莖十二實農桑撮要曰三月種茨菰先掘深坑用蘆蓆鋪墊排茨菰於上用泥覆水浸之便民圖纂曰臘月間折取嫩芽插於水田來年四五月如插秧法種之每科離尺五許田最宜肥

汝南圃史卷之五

汝南圃史卷之六目錄

汝南圃史卷之六目錄

汝南圃史卷之六

吳郡周文華含章補次

木本花部上

山茶 茶梅附

山茶葉如木犀深綠有稜花正紅如小漆盌冬末春初開最富麗興化府志云有數種花開單葉而極大者曰日丹單葉而小者曰錢茶有類錢茶而粉紅色者曰溪圃又有百葉而攢簇者曰寶珠有類寶珠而蘂白色焦者曰焦萼當歲暮百花搖落之後此花獨開故人重之曾南豐以白山茶寄吳仲庶詩云山茶純白是天真筠籠封題摘尚新秀色未饒三谷雪清香先得五峰春瓊花散漫情終蕩玉蘂蕭條跡更塵遠寄一枝隨驛使欲分芳種更無因注云初唯此花與揚州后土廟瓊花天下一枝近年瓊花可接遂散漫而此花爲

獨出也今人家園圃所植多單葉溪紅花中有黃心樹高丈餘結子可復出即實珠茶已自難得所云白色者未見也水雲錄云臘月及春間皆可移栽三月中以單葉接千葉其花茂盛或以冬青接者十僅能活一二又有一種來自滇南花大如蓮尤為瑋異

茶梅花葉皆小於山茶其花單葉粉紅色秋深始開殆所謂溪圃耶然亦有白色者

瑞香

瑞香樹高三四尺枝榦婆娑葉厚深綠色邵武府志云其樹奪枝而生冬春之際每枝頭結蘂一簇每簇卒十數朵逐日次第而開有紫白二色紫者香勝格物論云有楊梅葉者有枇杷葉者有柯葉者有毬子者有樂枝者花紫如丁香惟樂枝者香烈枇杷者能結子楊庭秀詩云侵雪開花雪不侵開時色淺未開深碧圓欒裹笋成東紫蓓蕾中香滿襟別派近傳廬阜頂孤芳原自洞庭心詩人自有薰籠錦不用衣篝注水沉能改齋漫錄云廬山古未有瑞香花他處亦不產自天聖中人始稱傳蓋靈草異芳應時乃出故記序篇什悉作瑞字廬山記載瑞香記訥禪師曰山中瑞彩一朝出天下名香獨見知灌圃史載瑞香顛末相傳廬山有比丘晝寢磐石上夢中聞

花香酷烈及寤尋求得之因名睡香四方奇之謂爲花中祥瑞遂以瑞易睡張祠部詩曰曾向廬山睡裏聞香風占斷世間春窺花莫撲枝頭蝶驚覺南䆫半夢人瑣碎錄云瑞香生江南諸山廬山者最勝有數種唯紫花葉青色而厚似橘葉者最香人家種者須就廊廡下階基上去屋簷滴水二尺餘不可露根露根則不榮亦不可在屋下太深處又云瑞

香惡溼畏日勿頻沃水宜用小便從花脚澆之則葉綠又用頭垢壅根上有日色即覆之或用浣衣灰汁尤妙蓋此花根甜灌以灰水則蚯蚓不食而衣服垢膩復能肥花也居家必用云漆滓壅退雞鵝汁澆之或灌撏猪湯尤盛退齋雅聞錄云最忌麝或佩麝觸之輒萎死惟頻瀹茶灌其根則不爲蟲所食今園圃中止有紫白二種而葉上有金沿邊者勝

梅雨時折其枝插土中自生根臘月春初皆可移水雲錄云若插宜就老枝節上剪取嫩枝插於背陰處易活癸辛襍識云凡插之者帶花雖易活而花落葉生復死但於芒種前後折其枝枝上破開用大麥一粒置於其中以亂髮纏之插土中勿令見日日以水澆之或云左手折下隨即扦插勿換右手無不活者

紫荆

紫荆叢生木似黄荆先花後葉附木而芳花深紫色形如綴珥二月盡始開杜子美有風吹紫荆樹句即此也昔田氏兄弟有欲析居者後覩三荆同枯驚歎復合故爲世所述或與棣棠竝植金紫相映且棠棣即古常棣其花反而復合詩以兄弟方之氣味相投也本草衍義曰紫荆木春開紫花甚細碎共作朶生或生於木身之上或附於根之下直出花花罷葉出光紫微圓臘月春初皆可分栽灌園史曰開花既罷旁枝分種性喜肥畏水

珍珠

珍珠一名玉屑葉如金雀而枝榦長大三月中開花花細而白綴於枝上極繁密如孛婁狀故俗名孛婁花春初發芽時可分栽張舜民詩千璣萬琲照庭除細雨斜風拂座隅莫道長官貧似磬緣階繞砌盡珍珠

玉蘭

玉蘭類木筆其樹高丈餘鎮江府志云玉蘭出馬跡山紫府觀其花表裏瑩白如玉其香如蘭不根而植不蓓而花生不擇地亦不常有開多在莫春遇者以爲瑞宋淳祐間忽開郡守李迪作詩頌之見咸淳志陳輔之有詩見京口集乃爲丹陽疑禧觀作近茅山溪谷間有之或開於秋冬山志謂其蘭芽刻玉氣味

甚幽亦芝英之別種也吴地初未嘗有近始盛行人珍重之俞仲蔚玉蘭詩序云予攷前代志記玉蘭獨不著見然此花不實以辛夷並植其側過枝接生其花九瓣色白微碧狀類芙蕖心如小浮屠形叢生淺綠細棘著根裏紫色蓮鬚香氣幽奇與蘭草無異又一幹一花皆著木末疑遂以此得名花落又從蒂中抽葉特異他花冬間結蕊至二月盛開蓋卉木之奇種也昔人詩云木末標孤穎靈苞散九華映空遙泛雪翳日細通霞色淨黄金屋香飄碧玉家更憐搖落後綠蒂吐新芽周孺允詩云靈卉無根寄別枝凭欄一笑還幽姿形過薝蔔禪林見氣溢蘭蓀楚客知鶴寺可令神女降兔園偏與月華宜含芳從倚無人會馮仗東風細細吹

辛夷

辛夷一名木筆花初開如筆故曰木筆一名迎春其花最早故曰迎春又名望春別名房木或謂之候桃先花後葉花如菡萏離騷云辛夷車兮結桂旗即此是也圖經本草云辛夷生漢中川谷今園亭亦多種植木高數丈葉似柿而長正二月生花形似著毛小桃色白帶紫花落無子至夏復開花又一種枝葉並

相類但歲一開花四月花落時有子如相思子或云即是此種經一二十年樹老方結實其花開早晚亦隨南北節氣寒溫衍義曰有紅紫二本一本如桃花色一本紫色今入藥當用紫者按本草花在二月中開粉紅者花大紫色者花小名紫心木筆皆歲一開花花落結子如小浮屠形長而色青不必一二十年乃結子也臘月或春初根旁分栽亦可接

接玉蘭

牡丹

牡丹本草一名鼠姑一名鹿韭周子曰牡丹花之富貴者也木本大者高四五尺八月枝上發赤芽來春二月卽發藥如拳稍舒則變成緑葉有歧花著葉中三月穀雨前開傳家集云洛人以穀雨爲牡丹花厄蓋其時適相值云其極盛者花頭或至盈尺高亦相等皆由其種之美惡有單葉多葉千葉及黄紫紅白

緋碧之色草木略云古今言木芍藥是牡丹按崔豹古今注云芍藥有二種有草芍藥有木芍藥木者花大而色深俗呼爲牡丹安期生服鍊法云芍藥有二種有金芍藥有木芍藥金者色白多脂木者色紫多脉則驗其根也然牡丹亦有木芍藥之名其花可愛如芍藥宿枝如木故以木名芍藥著於三代之際風雅之所流詠也牡丹初無名依芍藥以爲名亦如木芙蓉之依芙蓉以爲名也牡丹晚出唐始有聞宋時洛陽最盛圃人競求詭異多於秋分移接培以壤土至春盛開其狀百變歐陽文忠公始爲作譜記云牡丹出丹州延州東出青州南出越州而出洛陽者今爲天下第一洛人於他花則曰某花某花至牡丹則不名直曰花意謂天下眞花獨牡丹其名之著不假於牡丹而可知也又云牡丹之

名或以氏或以州或以地或以色或旌其所異而志之自姚黄以下得二十四種趙郡李述著慶曆花品專敍吳中之盛凡四十三種鄞江周靳作洛陽花木記所載牡丹至一百九種陸放翁在蜀作天彭牡丹譜凡三十四種其尤著名者爲姚黄魏花洛記云姚黄千葉黄花也色極鮮潔精彩射人有深紫檀心近瓶青簇青心匝與瓶同色開頭可八九寸

許其花出北邙山下司馬坡姚氏大率開歲
乃成千葉餘年皆單葉或多葉耳其開最曉
其色甚著與高潔之性敷榮之時特異於衆
花徐節孝云天下牡丹九十餘種而姚黃爲
第一其名雖千葉而寔不可數或累計萬有
餘不然不足高一尺也花肉既重其梢下屈
如一器傾側之狀此亦花之巨美而精傑者
予又曰魏花千葉肉紅花也本出晉相魏仁

溥園迄今流傳特盛葉最繁密人有數之者
至七百餘葉面大如盤中堆積碎葉突起圓
整如覆鍾狀開頭可八九寸許其花端麗精
彩瑩潔異於衆花洛人謂姚黃爲王魏花爲
后又有狀元紅瑞雲紅左紫玉樓春潛谿緋
玉千葉歐碧諸異種見前所述記中蓋自唐
人已推重至宋尤重耳五色線集云孟蜀時
兵部尚書李昊每將牡丹花數枝遺親友以

與平酥同贈曰俟花凋謝以酥煎食之無棄
穠豔也其風流貴重如此東坡雨中明慶寺
賞牡丹詩霏霏雨霧作清研爍爍明燈照欲
然明日春陰花未老故應未忍著酥煎又云
千花與百草共盡無妍鄙未忍污泥沙牛酥
煎落蘂用此事也南部新書曰長安三月十
五日兩街看牡丹奔走車馬慈恩寺元果院
牡丹先於諸牡丹半月開太眞院後諸牡丹

半月開裴兵部題白牡丹云長安豪富惜春
殘爭賞先開紫牡丹別有玉杯承露冷無人
起就月中看白樂天牡丹芳一篇絕道花之
妖豔至有遂使王公與卿士遊花冠蓋日相
望花開花落二十日一城之人皆若狂惜牡
丹詩云明朝風起應吹盡夜惜衰紅把火看
元稹羅隱徐凝許渾之徒題詠甚衆宋時尤
盛於洛陽歐公云洛陽之俗大抵好花春時

城中無貴賤皆插花雖負擔者亦然花開時士庶競爲遊遨往往於古寺廢宅有臺處爲市井張幄帟笙歌之聲相聞洛陽名園記云洛中花甚多種而獨名牡丹曰花王凡園皆植牡丹而獨名此曰花園子蓋無他池亭獨有牡丹數十萬本凡城中賴花以生者畢家於此至花時張幕幄列市肆管絃其中城中士女絕煙火游之過花時則復爲丘墟矣陸

放翁云天彭號小西京以其俗好花有京洛之遺風大家至千本花時自太守而下往往卽花盛處張飲帟幕車馬歌吹相屬最盛於清明寒食時在寒食前者謂之火前花其開稍久火後花則易落最喜陰晴相半時謂之養花天栽接剔治各有其法謂之弄花其俗有弄花一年看花十日之語故大家例惜花可就觀不可輕翦蓋一翦則次年花絕少州

家歲常以花餉諸臺及旁郡蠟蔕筠籃旁午於道予客成都成都帥以善價私售于花戶得數百苞馳騎取之至成都露猶未晞其大徑尺夜宴西樓下燭焰與花相映發影搖酒中繁麗動人石湖吳郡志云牡丹唐以來止單葉本朝洛陽始出多葉千葉遂爲花中第一頃朱勔家圃在閶門內植牡丹數十萬本以繒綵爲幕彌覆其上每花身飾以金牌記

其名勔敗牡丹皆拔爲薪中興以來人家稍復接種有得洛陽花種至吳中者不過十餘種姚魏蓋不傳矣顧清松江府志云牡丹自宋來盛於吳下吾鄉則

國初曹明仲所譜寶樓臺以下十五品最奇竝家傳洛京舊種其名多見歐譜近歲人家所植唯壽安樓子二三種深紅已爲難得餘不復見楊君謙吳邑志云牡丹人家亭館多種

率粉紅色號玉樓春接壤皆是鮮有紅紫者雖白色亦艱得吾蘇自玉樓春外僅有壽安紅平頭紫寶樓臺而寶樓臺紫紅色尤富麗瓌瑋可觀求如書傳所記百不及一而栽接培壅之法亦無傳矣但於花時邀親朋置酒賞翫略存故事焉予觀姚燧牡丹序載左紫壽安紅狀元紅衡山紫玉版白諸奇品而姚魏二種已不復有且叙其見之之難彼生於

中土且然況僻處東南者乎蓋自戎馬蹂躪南渡以還宜其絕種今取古來栽接培壅澆灌脩理諸法具載於篇倘遇名花以此待之也歐記云洛人家家有花而少大樹者以其不接則不佳春初時洛人於壽安山中斲小栽子賣城中謂之山篦子人家治地爲畦塍種之至秋乃接接花工尤著者謂之門園子豪家無不邀之姚黃一接頭直錢五千秋時

立契買之至春見花乃歸其直洛人甚惜此花不欲傳有權貴求其接頭者或於湯中醮殺與之魏花初出時接頭亦直五千今尚直一千接時須用社後重陽前秋分內過此不堪矣花之本去地五七寸許截之乃接以泥封裹用軟土壅之以箬葉作菴子罩之不令見風日唯南向留一小戶以達氣至春乃去其覆此接花之法也用瓦亦可種花必擇善地去

舊土以細土用白斂末一斤和之蓋牡丹根甜多引蟲食白斂能殺蟲此種花之法也澆花亦自有時或用日未出或用日初時九月旬日一澆十月十一月兩三日一澆正月間日一澆二月一日一澆此澆花之法也一本發數朶者擇其小者去之止留一二朶謂之打剝懼分其脉也花纔落便翦其枝勿令結子懼其易老也春初既去箬菴便以棘數枝

置花叢上棘氣煖可以辟霜不損花芽此養花之法也花開漸小於舊者蓋有蠹蟲損之必尋其穴以硫黄簪之其旁又有小穴如鍼孔乃蟲所藏處花工謂之氣窗以大針點硫黄末鍼之蟲乃死花復盛此醫花之法也烏賊魚骨用以鍼花樹入其膚花必死此花之忌也見歐陽永叔洛陽風土記

種祖子法

洛記云凡欲種花子先於五六月間擇背陰處肥美地治作畦七月以後取千葉牡丹花子候花瓶欲拆其子爲變當時採之取子於已治畦地內一如種菜法種子不得隔日隔日多卽花瓶乾而子黑子黑則種之萬無一生矣撒子欲密不欲疎疎則不生不厭太密地稍乾卽以水灌之灌後水脉勻潤然後撒子訖耙摟一如種菜法每十日一澆有雨卽止

冬月須用木葉蓋護候月餘卽生芽葉生時頻去草久無雨卽十日一澆切不可用糞至八月秋社前治畦分開種之如栽菜法其中或有却成千葉者

接花法

山丹單葉牡丹也千葉牡丹須於山丹上接穎濱西軒種山丹詩云淮陽千葉花到此三百里城中衆名園栽接比桃李吾廬適新成西

有數畦地乘秋種山丹得雨生可喜山丹非佳花老圃有深意宿根巳得土絕品皆可寄明年春陽升盈尺爛如綺居然盜天功信矣斯人智根苗相因依非眞亦非僞客來但一笑勿問所從致又云築室力已盡種花功尚疎山丹得春雨艷色照庭除末品何曾數羣芳自不如今秋接千葉試取洛人餘洛記云接花必以秋社後九日前餘皆非其時也接

花須於二三年前種下種子惟根盛者爲佳削接頭欲平而闊長令根皮含接頭勿令作陡瓣瓣陡則帶皮處厚而根狹瓣陡則接頭多退出而皮不相對津脉不通遂致枯死矣接頭緊縛欲密勿令透風不可令雨濕瘡口接頭必以細土覆之不可令人觸動後月餘須時時看覰根下土勿令枝生芽芽生卽分減却脉而接頭枯矣凡選接頭須用木之肥

嫩花芽盛大平而圓實者爲佳虛尖者無花矣瑣碎錄云凡接牡丹須令人看視之如一接便活者逐歲有花初接不活削去再接者只當年有花又云牡丹於芍藥根上接易發無失一二年牡丹自生本根則旋劉去芍藥根成眞牡丹矣霏雪錄云張茂卿好事其家西園有一樓四圍植奇花殆遍常接牡丹於椿樹之杪花盛時延賓客於樓推窓翫焉接

歐記洛記皆云牡丹宜社後重陽前接而瑣碎錄云凡花皆宜春種惟牡丹秋社前後接種便民圖纂乃云接時須二三月間不知何據恐不可從

分栽法

八九月中將根旁新枝隔二三年者抓去根邊泥用毛竹片切斷其根不用鐵器又不可傷其根上細鬚移栽肥土用黃土尤佳栽時記

取南枝掘坑提置坑中四圍用鬆泥滲實勿令脚踏根不宜太深數日以糞水澆之一二年卽開花切記分後不可搖動及水浸日曬皆不活須以小籬竹圍欄之冬間亦可分但不如秋分之及時耳

栽花法

洛記云凡欲栽花須用四五月先治地如地稍肥美卽翻起深二尺以上去瓦礫頻鋤削勿

令生草至秋社後九日前栽之若地多瓦礫或帶鹽滷則鉏深三尺以上去盡舊土別取新好黃土换填切不可用糞用糞卽生蠐螬蟲而蠹花根矣根蠹則花頭不大而不成千葉也栽花不欲深深則根不行而花不發旺也但以瘡口齊土面爲佳此深淺之度也掘土坑須量花根長短爲淺深之准坑欲闊而平土欲肥而細先於土坑中心拍成小土堆

子欲上銳而下闊將花於土堆上坐定然後整理花根令四向横垂勿使屈摺爲妙然後用生黃土覆之以瘡口齊土面爲准頻澆補種牡丹云野草凡花着地生洛陽千葉種難成姚黃性似天人潔糞壤埋根氣不平又同遲賦千葉牡丹云未换中庭三尺土漫揸數叢千葉花牡丹初移有蘂不可留亦不可以手犯之宜以銀簪點其中花蘂自萎勿用鐵

鍼又牡丹結蘂交春時鴉雀白頭公之屬遶進啄碎須加意驅逐愛惜花蘂每花頭或用落葉卷札使不得近韓魏公安陽集云牡丹初芽爲鵶鵲啄之感而成咏云牡丹經雨發香芽滿地新紅困鵲鴉利嘴可能傷國色只教春色入凡花蓋有所感云

打剥花法

洛記云凡千葉牡丹須用八月社前打剥一番

每株上只留花頭四枝已下餘者皆可截作接頭於祖上接之候至來年二月間所留花芽小葉見其中花蘂切須仔細辨認若花芽頭平而圓實卽留之此千葉花也若蘂尖虛卽不成千葉當須去之每株只留三兩蘂可也花頭多卽不成千葉而開頭小矣瑣碎錄云牡丹著蘂如彈子大時試捻之十朵之中必有兩三朵不實者去之則不奪他花之力

澆壅法

牡丹喜燥惡溼不可用雨水浸其根浸之必不盛若天旱宜用水或糞水澆勿令枯槁牡丹用猪泥糞不生蟲用犬糞羊糞曬乾搗碎壅根極肥牡丹旁栽魚腥草及辟麝草則不生蟲瑣碎録云牡丹將開不可多灌土寒則開遽翦花欲急急則花無傷又云牡丹芍藥插瓶中先燒枝斷處令焦鎔臘封之乃以水浸

可數日不萎

芍藥

芍藥古今注曰一名何離一名餘容一名犁食一名解倉一名鋋春生紅芽作叢莖上三枝四葉似牡丹而狹長三四月中著花有紅紫黃白之異而以黃爲貴洛陽花木記所載至四十餘品其花數腴盛大而纖麗巧密如冠如髻如鞍如樓亦牡丹之亞也故昔人謂牡丹花王芍藥花相本出揚州揚州之芍藥冠天下其芽可食其根有赤白二色俱入藥洛

陽花木記云分芍藥秋分爲上時八月爲中時九月爲下時取芍藥須闊鋤勿令損根每窠留四芽根不欲深深則花不發旺令花根低如土面一指以下爲佳臘月用濃糞澆春間更看花藥圓平而實卽留之虛大者無花新栽每窠止可留花頭一二朵候一二年花得地力方可留四五朵花頭多卽不成千葉

矣王觀芍藥譜云維揚人以治花相尚九十月時悉出其根滌以甘泉剝去老腐之處揉條沙糞以培之易其故土凡花大約三年或二年一分分種向陽處所不分則舊根老硬而侵蝕新芽然分又不宜數數則花小花之顏色淺深與蘂葉繁盛皆出於培壅剝削之力若覆以雞糞渥以黃酒則花能改色開時扶以竹篠則花堪耐久花既萎落亟翦去子屈盤枝條使不離散則脉理皆歸於根明年花繁而色潤水雲錄云十二月取茂盛者用竹刀劈作兩開以粗糠及黑糞土栽之仍用糞水澆灌二三次則來年花盛若用鐵器分或春間移之則不開花允齋花史曰芍藥用小便澆易開花或云芍藥於秋後鋤去舊梗以糞沃之牡丹亦於冬間將根邊周圍掘開作瀟灌以糞水花方盛俗謂芍藥剃頭牡丹

洗足蓋如此云

杜鵑

杜鵑一名石榴花極爛熳以杜鵑啼時開得名尊生八牋云花有三種張志淳永昌二芳記載杜鵑山茶各數十種大都花性喜陰畏熱不畏霜雪種用山泥揀去粗石羊矢浸水澆之更置樹下陰處則花葉青茂有用豆餅浸水候黑色澆之更妙灌園史曰自初夏至深秋宜日以河水灌之一種山鵑花大葉稀先

開一日一名石巖然寔非也石巖先敷葉後著花其色丹如血杜鵑先著花後敷葉色差淡潤州鶴林寺有杜鵑花相傳正元中外國僧自天台鉢中以藥養其本來植此寺人或見女子紅裳佳麗遊於花下殷七七能開非時之花女子謂七七曰欲開此花乎吾爲上帝所命下司此花在人間已逾百年非久卽歸閬苑去今與道者共開之來日花果盛開

如春夏間數日花俄不見亦無落花在地宋培桐曰石巖乃日顏石巖則訛字也杜鵑春鵑日顏非一種因花之相似故人皆誤稱其爲杜鵑耳竟不知杜鵑長止尺許春鵑長有丈許其枝幹盤圓五六臺者日顏枝葉若黄楊之狀盤圓大如輪花茂如錦價甚貴顧長佩花史云杜鵑花有大紅粉紅二色春初扳枝著地用黄泥覆之俟生根截斷來年分栽

又云浙人分杜鵑用摋法以竹管套於枝上肥土塡實俟生根斷截下栽之瑣碎錄云杜鵑花止用雨水澆最忌糞

汝南圃史卷之六

汝南圃史卷之七目録

木本花部下

海棠 鐵梗 西府 垂絲

木瓜

玫瑰

繡毬 八仙附

山礬

梔子

茉莉

夾竹桃

二至花

金絲桃 金梅附

薇

桂

芙蓉

蠟梅

天竹

虎刺

汝南圃史卷之七目録

汝南圃史卷之七

吳郡周文華含章補次

木本花部下

海棠 鐵梗 西府 垂絲

海棠花最艷麗凡三種單葉深紅者曰鐵梗便民圖纂云鐵梗者色如胭脂松江府志云馨口深紅綴枝作花者名貼梗海棠則又名貼梗矣貼梗與木瓜花相似而不結子故木瓜

亦冒海棠之名木瓜葉粗花先開貼梗葉細花後開以此為別單葉桃紅者曰西府初開時嬌媚無比與錦帶色相似而西府尤勝稍久則漸潦倒不足觀已結實如小花紅秋深始熟味酢而澀沈立作海棠記指此爲石湖所狀金林檎疑即此也多葉粉紅者曰垂絲水雲錄云垂絲海棠柔枝長蔕垂英向下是也此花既多葉而色尤嬌石湖以爲類小蓮花信然便民圖纂云春間攀其枝著地以土壓之自生根二年鑿斷三月移栽此指貼梗然今人多不用壓直於根內分栽分時在正月中浣花雜志曰壓枝必在秋分移栽必在春分鑿根則不拘時候如三月間移栽恐難活西府於梨樹花紅樹上接垂絲於櫻桃樹上接或云西河柳亦可接然未試驗二種接換各就其花之似者故易活瑣碎錄云冬至

日早以糟水澆根下則花盛而色鮮又云海棠候花謝結子即剪去來年花盛而無葉

木瓜

木瓜葉如鐵梗海棠而大花亦似之至春未發葉先開花深紅色圖經本草曰木瓜處處有之宣城尤佳其木狀似柰其花生於春末而深紅色其實大者如瓜小者如拳爾雅謂之楙郭璞云實如小瓜味酢可食不可多無損亦無益宣州人種蒔尤謹遍滿山谷始實成則簇紙花傅其上夜露日暴漸而變紅花紋

如生用以充土貢其大枝可作杖謂策之利筋脉根葉煎湯淋足脛則無蹷疾又截其木乾之作桶以濯足陶隱居云如轉筋時但呼其名以手指作書木瓜二字於患處即愈誠不可解衍義曰木瓜得木之正故入筋以鉛霜塗之則失錯味受金之制也此物入肝故益筋與血病腰腎脚膝無力不可闕也爾雅翼曰其木可以為材故取幹之道木次之又可毒魚齊孝昭北伐庫莫奚至天池以木瓜灰毒魚農桑撮要云八月栽木瓜秋社前後移栽之次年便結子勝如春間栽者壓之亦生栽種與桃李法同霜降後摘取凡用勿犯鐵器王氏農書蜜漬木瓜法先用竹刀切去皮煮令熟浸水中拔去酸味却以蜜熬成煎藏之又宜去子爛蒸擂作泥入蜜與薑作煎飲用冬月尤美

玫瑰

玫瑰玉之香而有色者以花之色與香相似故名今人呼爲梅桂水雲録亦同此豈以其合二花之清香耶花類薔薇而色紫香膩艷麗馥郁眞奇葩也西湖遊覽志云宋時宮院多採之結爲香囊芬氤裊裊不絶故又名徘徊花其似是而非者名纓絲花此花亦與薔薇同開三四月間收花陰乾入茶葉内極香摘

花瓣搗爛和白糖霜梅印成小餅略啖一二滿室俱香又取花瓣搗入香屑製作方圓扇墜香氣襲人經歲不改正月杪二月初分栽有云十月後移則地脉冷多不活大凡花木不宜常分唯此花嫩條新發勿令久存卽移栽別地則種多茂故又謂之離娘草若本根太肥則翻致憔悴最喜溝泥壅或云其性好潔人溺之卽死者謬也

繡毬 八仙附

繡毬花藤生一蔕而衆花攢聚圓白如流蘇儼然一毬也初青後白開與牡丹同時潔白富麗他花罕比特欠標格少香韻耳顧東橋詩不惜荊山玉琢成素錦毬春風解憐汝抛擲與誰收夏禹錫亦謂繡字有未當改名素毬又一種花小而葉繁者謂之麻葉繡毬而開亦同時又有八仙花祇八蘂簇成一朶亦自

奇特今人多於八仙上挨接繡毬亦以其花相似故水雲録云先取八仙花栽兀盆中俟春間連盆移就繡毬花畔將八仙梗離根七八寸刮去半邊皮約長一二寸將繡毬嫩枝亦刮去半邊彼此挨合一處用麻纒縛頻用水澆候樹皮連合截斷繡毬花下餘枝次年開花卽如巨樹所生暢茂凡諸花皮葉相似者皆用此法挨接

山礬

山礬葉如冬青三四月開花花小而香四出一名七里香一名鄭花北人呼爲瑒花瑒玉名取其白也黄魯直山礬花序云江南野中有一種小白花高數尺春開極香野人號爲鄭花王荆公嘗欲作詩而陋其名因請名曰山礬野人採鄭葉以染黄不借礬而成色故名山礬海岍孤絶處補陀落伽山譯者以爲小白花山予疑卽此山礬花耳一統志云山礬邛縣出花繁如雪香氣極濃陸深春風堂隨筆云世傳花卉凡以海名者皆從海外來予家海上園亭中喜種雜花最佳者爲海棠每欲取名花塡小詞使童歌之有海紅花海榴花更欲採一種爲四闋累年不得辛丑南歸訪舊至南浦見堂下盆中有樹婆娑鬱茂問之云海桐花卽山礬也因憶山谷賦水仙花

山礬是弟梅是兄但白花耳却有歲寒之意今人家墳墓及園亭多植之二月中可分栽

梔子

梔子花一名越桃一名林蘭佛書又云簷蔔花比爲禪友杜悰建簷蔔館形亦六尺器用之屬皆象之其實七稜單葉者結實可以供染千葉者不結子色潔白而香酷烈五月中帶花移栽梅雨中取嫩枝插肥土中即活便民圖纂云十月選成熟者取子淘淨曬乾至來春三月斸畦種之覆以灰土如種茄法次年

三月移栽第四年開花結實瑣碎錄云黃梔子候其大逐時摘青者曬收至黃熟則消化爲水言收貴早也千葉梔子不必扦插止用土壓旁生小枝逾年自生根分栽極易活此花喜肥頻以糞水沃之則盛折枝插瓶須搥碎其根實以白鹽則花色不改

茉莉

茉莉叢生高二三尺亦有丈餘者五六月開小白花清麗而芳郁蔡襄詩云團團茉莉叢繁香暑中折江奎詩云靈種傳聞出越裳何年提挈上蠻航他年我若修花史列作人間第一香又云雖無艷態驚羣目幸有清香壓九秋應是仙娥宴歸去醉來卓下玉搔頭蓋花之形狀宛如玉搔頭也丹鉛續錄云茉莉花

見稽含南方草木狀稱其芳香酷烈胡人自西國移植南海宣和中名著艮嶽列芳草八此居一焉八芳者金蛾玉蟬虎耳鳳尾素馨渠那茉莉含笑也陸賈南行記曰南越五穀無味百花不香獨茉莉不隨水土而變洛陽名園記云遠方奇卉如紫蘭抹厲王梅溪集作沒利又作抹利陳止齋集亦作抹利晦菴集作末利洪景盧作末麗佛書翻譯名義云

末利曰鬘華堪以飾鬘此土云柰晉書都人簪柰花云爲織女戴孝是也則此花入中國久矣升菴辨博故悉著其名如此此花有單葉有重臺八閩通志云有一種紅色曰紅茉莉穗生有毒海槎餘錄云茉莉花最繁不但婦人簪之童穉俱以線穿成釧縛髻上香氣襲人其多如此今江東及吳地所有皆從江右載來唯贛州者尤佳舟行路遠率用礱糠

入盆底取盆輕易擕種法須以新泥易去故土翦摘枯枝老葉周圍插細竹以麻皮輕輕縛住曬於日中每日用濃糞澆或有以鹿糞壅者海虞衡志云日澆浙水漿則作花不絕可耐一夏花亦大且多葉倍常花或用撏猪湯六月六日宜用治魚腥水一溉璅碎錄云雞糞壅茉莉則盛水雲錄云四月揷茉莉此花最香而畏寒唯寶珠者貴宜於此月從節

上摘斷揷肥土中即活廣州府志云抹麗較諸素馨其香尤旖旎或名抽花春末夏初開蘂圓白即折香似荼蘼花氣極清最可薰茶其性畏寒往往凍死宜於十月中移置南廡下向陽日以河水灌潤勿使乾燥又勿令氷凍至來春十無一死花益繁盛又云茉莉最惡春風南風尤甚清明後將交黃梅方可出出之又當以漸爲佳或云寒露入室立冬用

棉花子覆根高五寸許取篾作圈大小長短如其形以紙糊圈罩花上五六日一開略澆冷茶仍前壅蓋直至立夏取出去土一層填新泥用水澆俟芽長方用糞次年起根換土令栽或云取溝瀆肥泥爛草盦過煆以猛火和皮屑鋪盆種其花倍發

夾竹桃

夾竹桃本名枸那花桂海虞衡志云枸那花葉瘦長略似楊柳夏開淡紅花一朶數十蕚至秋深猶有之八閩通志云拘那衛三山人呼爲半年紅曾師建閩中記謂之渠那異其種來自西域本高丈餘今名夾竹桃謂花似桃葉似竹也水雲錄云三月裁夾竹桃一名桃花柳葉其性惡濕畏寒四月開花至十月始

歇宜於向陽處肥土栽之此花出於南方今吳中盛行好事者以大竹管𥷑於枝節間肥土壎貯久之生根截下遂成别本十月間取置室中來春取出否則凍死唐荆川詩云桃竹舊傳生碧海竹桃今見映朱闌春至芬香能共遠秋來花葉不同殘疎英灼灼分叢發密蘂菲菲對節攢不信千年將結子錯疑竹實待栖鸞蓋亦甚珍之云

二至花

二至花枝柔葉細姑蘇志云葩甚細色微紺開於夏至歛於冬至故名二至又曰如意花或呼爲柳穿魚蓋其枝似柳而花似魚也唯姑蘇最多有結成樓臺鳥獸以求售者浣花雜志云性易栽好絜惡糞如欲其茂以豆餅浸水俟作黑色濾清澆之或用熟豆壅根尤佳

金絲桃 金梅附

金絲桃樹高二三尺五月初開花花六出中有長鬚花瓣大於桃其形狀宛如桃花但色異耳春分時可分栽又一種似梅者名金梅其花差小比金桃似勝

薇花

薇花凡五種紫色之外有大紅者有淡紅者又有白色者曰銀薇有紫帶藍者曰翠薇少搔其本則枝葉俱動俗名怕痒花酉陽雜俎云北人呼爲猴郎達樹謂其無皮猴不能捷也樹身光滑高丈餘花瓣細皺俗呼爲皺紗花蠟跗茸萼赤莖對葉生五月中花開直至六七月爛熳可愛又名百日紅癸辛雜識云百日紅即頳桐也按南方草木狀云頳桐花嶺南處處有之自初夏生至秋蓋草也葉如桐連枝萼皆深紅今紫薇乃木本不應冒頳桐之名而興化志紫薇頳桐各出不可混也鄭都官詩大樹大皮纏小樹小皮褭庭前紫薇花無皮也得過語雖俚鄙乃實錄也此花易植無事功力根側有鬚者正月中分栽扦插亦活喜陰惡日栽叢林下不蔽雨露處方茂

桂花

桂花一名巖桂謂其多生巖嶺間也俗稱木犀興化府志又名九里香有數種惟深黃色者花蕾繁簇香尤清烈俗謂之毬子木犀此為第一䍐書一覽以紅為狀元黃為榜眼白為探花蓋取其色之紅耳其實紅劣於黃至白色者尤劣有先數日開者為早黃有四時開者有結子者吳邑志云花時凡三開畏風雨

堪作餅入茗及拌楊梅作蜜餞其用非一以白酒娘浸之冬入釀曰桂花三白清香異常允齋花譜云木犀七月内用猪泥糞壅灌園史云栽桂之法灌以猪糞壅以蠶沙如患蛀損取芝蔴梗懸之樹間能殺諸蟲浣花雜志云桂花最惡糞如用猪糞澆必死欲其茂盛栽之向陰處所壅以臘雪春分秋分二時將河泥壅高尺許或云用油脚澆之即盛欲取其花俟開既盛須用竹筏箍其本以寸木砧緊明晨花自盡脫便民圖纂云四月間扳樹枝著地以土壓之至五月自生根一年後截斷八月移栽種樹書曰木犀接石榴其花必紅惜未曾試耳

丹桂古未聞談腴云明之象山士子史本有木犀忽變紅色異香因接本獻闕下高宗雅愛之畫為扇面題二絕云月宮移就日宮栽引

得輕紅入面來好向煙霄承雨露丹心一點為君開秋入幽巖桂影團香深粟粟照林丹應隨王母瑤池宴染得朝霞下廣寒然范文正公記竇氏有丹桂五枝芳之句則前此已有之矣浣花雜志云丹桂即紅桂

芙蓉

芙蓉花九月霜降時開故又名拒霜今圃中有四種純紅者先開淡紅與白者次之醉芙蓉俗名三醉芙蓉朝紅莫白花極早與紅色同開又有處州種一枝而紅白二色自長洲趙處州官舍攜歸傳此種於吳便民圖纂云十月間斫舊枝條盦稻草灰內或埋溼潤處不令乾二月初截作尺許長插土中自生根待

花開分栽近水尤盛故必栽池塘四圍昔人云芙蓉能敺獺不來食魚以其葉能傷獺毛使爛及皮肉此未必驗又名木芙蓉王介甫詩水邊無數木芙蓉露滴胭脂色未濃正似美人初醉著強擡清鏡照粧慵又名木蓮白樂天詩晚凉思飲兩三盃召得江頭酒客來莫怕秋無伴醉物水蓮花盡木蓮開凡扦插芙蓉砟樹枝如芙蓉枝釘作小穴填糞令滿然後插入土露寸許遮以爛草方易活農桑撮要云候芙蓉花開盡帶梢漚過取皮可代麻䔢又白芙蓉葉霜降後收之陰乾爲末可合圍藥

蠟梅

蠟梅叢生葉如桃而闊大堅硬蠟月開花香色似蠟花成大梅譜云本非梅類以與同時而香又相近色酷似蜜脾故名蠟梅凡三種夏間子熟採而種之秋後發芽澆灌得宜數年方可分栽不經接者花小香淡其品下俗呼狗蠅梅（或作九英以花九瓣故也）經接者花肥大而疏雖盛開花常半含名磬口梅最先開色深黃如紫檀花密香濃名檀香梅此品最佳蠟梅香極清芳殆過梅香初不以形狀貴也張伯雨蠟梅詩云商略羅浮水月鄉論資也合地黃香蠟珠誰與僧虔戲綴作斜枝小鳳皇花開時無葉葉盛則花已盡矣結實垂鈴尖長寸餘以十月中分栽澆花雜志云臘梅不宜接但宜過枝以狗蠅小本栽大本邊扳其枝用麻皮縛緊候皮相粘下截臘梅上去狗蠅

便成佳本春分移栽澆用半水糞或曰蠟梅花不可嗅嗅之則頭痛試之信然又云瀑蠟梅花水不可飲飲之有毒蠟梅尤甚王梅溪曰東南蠟梅葉落始開峽中地煖花開而葉不落宋山甫知縣云大寧監多蠟梅土人不識呼爲狗蠅花

天竹

天竹形似竹而柔脆如薔薇四五月間開細白花至秋結子成穗色紅老杜所謂紅如丹砂此足以當之齊雲山志云天竹實幹數枝葉於頂雪中結紅實鳥雀喜啄之其性喜陰植必宜墻下至有長丈餘者秋後分栽浣花雜志云栽天竹必用山黃泥或不於背陰處必不茂不宜糞澆止用肥土頻壅其根自然茂盛

虎刺

虎刺如狗牯最難長大宜種陰濕地春初分栽四月開細白花花四出花開時子尤未落紅白相間甚可愛花落結子至冬紅如丹砂有二種葉細者佳吳人多植盆中以爲𥦗前之玩宜頻用梅水澆

汝南圃史卷之七

汝南圃史卷之八目錄

條刺花部

汝南圃史卷之八目錄

汝南圃史卷之八

吳郡周文華含章補次

條刺花部

迎春 金雀花附

迎春栽巖石上則柔條散垂花綴於枝上甚繁以十二月及春初開花故名迎春花黃色晏元獻詩淺艷侔鶯羽纖條結兔絲韓魏公詩覆闌纖弱綠條長帶雪衝寒折嫩黃迎得春來非自足百花千卉任芬芳水雲錄云宜候

花放時移栽肥土以退牲水澆之則茂或云即金雀非也迎春與金雀枝柯相似而有强弱之異金雀葉如槐而有小刺二月盡始花花色亦黃其形如爵是以名之取其花用沸湯綽過輕鹽醃之曬乾點茶甘香可口

棣棠

棣棠叢生二月中開黃花花如垂絲海棠故名曰棠忠雅云棣棠春發青苗蓊不能挺立舒葉如麻而小三月開黃花如小菊至秋尚存間遇風雨亦不凋謝蓋花之耐久者也松江府志云棣棠葉如酴醾而小條長無刺花深黃如菊附幹而生今按此花開落相因故見其久謂如酴醾大謬以發條時分栽或於春

分前斫其枝條長尺許扦之亦活蓋易生之物

薔薇 佛見笑 金沙 荷花 寶相 月季 十姊妹 五色 黃 白 紫

薔薇藤生青莖多刺三月盛開爛然如錦生子若杜棠子本草名營實范成大吳郡志云薔薇花有紅白雜色陸龜蒙詩所謂倚墻當戶一端晴綺者紅薔薇也皮日休泛舟詩所謂淺深還看白薔薇者則是野薔薇耳生水邊香更穠郁紅花則有金沙寶相刺紅紫玫瑰五色薔薇等又有金櫻子佛見笑等皆薔薇

類也又有黃薔薇一種格韻尤高便民圖纂云三月八月斫取新發氣條扦插肥土旁須築實勿使傷皮外留寸許長則易瘁今吳中薔薇自紫玫瑰金櫻子外又有數種有豬肝薔薇紅赤色花大葉繁而粗開最先八閩通志云金沙亦玫瑰之流而香不及山谷詩云紫綿揉色似金沙王介甫詩云海棠開後數金沙高架層層吐絳葩咫尺西城無力到不

知誰賞魏家花今有一種千葉深紅一枝一花端莊富麗疑卽金沙也通志又云寶相藤生花類酴醾而秀整過之今有荷花薔薇千葉桃紅比之佛見笑稍覺緊束形如荷花疑卽寶相也刺縻葉細多刺四月中開花比薔薇木香諸花最後其花粉紅色亦有白者類玫瑰而無香或指玫瑰爲刺縻誤也今有花堆千葉如刺繡所成開最後又有五色薔薇

葉多而小一枝五六朶有深紅淺紅之別又有十姊妹一云七姊妹一枝七朶紅白相間千葉形似薔薇而小楊孟載詩紅羅鬬結同心小七蘂參差弄春曉盡是東風兒女魂蛾眉一樣青螺掃三妹娉婷四妹嬌緑牕虛度可憐宵八姨秦虢休相妬腸斷江東大小喬佛見笑初開甚富麗稍久則爛熳不足觀諸種唯紅薔薇五色薔薇荷花薔薇三品最佳開有黄薔薇花如棣棠金色有淡黄鵝黄諸種皆未經見又月季叢生枝幹多刺而不甚長其花紅色而有深淺之異亦與薔薇相類而有香因花開四季故得名韓魏公詩牡丹殊絕委春風露菊蕭疎怨晚叢何似此花榮艷足四時長放淺深紅今人誤爲月桂又名長春又名勝春又名鬬雪紅潁州志作月繼俗名月月紅總之一物而異其稱耳其花可

醫癧頸宜收用春初分裁扦亦可活瑣碎錄云月桂花葉常苦蟲食以魚腥水澆之乃止浣花雜志曰薔薇木香之屬壓枝爲上扦枝次之扦潮沙土易活黄泥土難活必先杵其穴而入其莖以肥細土填滿四面築實卽生根

酴醿 木香附

酴醿蔓生綠葉青條承之以架有大小二種小者有黄白二色興化府志云有紅者俗呼番酴醿不香唯白者香甚唐書音訓酴醿本作稌䕷因洛京進酴醿酒其色相似故加酉云一統志酴醿花成都縣出蜀人取之造酒四月初開花極盛古詩開到酴醿花事了即是今人呼大者爲酴醿小者爲木香允齋花譜

云木香雖小而香味清遠酴醿似不及然觀古人詩推許鄭重如韓持國云平生爲愛此花濃仰面常迎落絮風每恐春歸有餘恨典刑元在酒杯中東坡云酴醿不爭春寂寞開較晚青蛟走玉骨羽蓋蒙翠幰不雅艷已絕無風香自遠淒凉吳宮闕紅粉埋故苑餘香入此花千載尚悽惋山谷云肌膚冰雪薰沈水百草千花莫比方露溼何郎試湯餅日烘荀令炷爐香風流徹骨成春酒夢寐宜人入錦囊輸與能詩王主簿瑤臺影裏駐胡床常疑古人無單詠木香者豈以如此之花而蘇王反見遺抑其所詠酴醿即今之木香而今之酴醿果足當蘇王諸公之詠否按格物論所載酴醿形狀藤身青莖多刺每一頴着三葉品字青跗紅萼及開變白香微而清盤曲高架正與今所呼木香同姑蘇志云木香一

名酴醿又諸書中竝無木香可引爲證則蘇王所詠直是今之木香耳唯宋學士陶穀云洛陽故事賣酴醿木香揷枝者均謂百宜枝杖二花竝列却是有別矣總之二種同時開花若扳枝入土壅泥月餘俟其根長截斷移栽或扦肥地陰溼處如扦薔薇法亦易活一二年後分栽

錦帶

錦帶條生三月開花形如鋼鈴內外粉紅亦有深紅者一樹常二色其花嬌麗近海棠嗅之略有香意姑蘇志云長枝密花如錦帶然雖在處有之而吳中者特香王禹偁云花譜謂海棠爲花中仙此花品在海棠上宜名海仙作詩云一堆絳雪壓春叢嫋嫋長條弄晚風借問開時何所似好將繡被覆燻籠何年移

植在僧家一簇柔條綴彩霞錦帶爲名卑且俗爲君呼作海仙花歲時廣記云初生葉柔脆可食老杜詩云滑憶雕胡飯香聞錦帶羹春時分植澠水燕談錄云朐山有花類海棠而枝長花尤密惜其不香無子旣開繁麗裊嫋如曳錦帶故淮南人以錦帶目之王元之詩春憎窈窕教無子天爲妖嬈不與香

木槿 佛桑附

木槿一名朝菌五月開花花如小葵葉如小桑八閩通志云木槿有白有紫有粉紅又有一種花瑩白如玉中心無紫色者名蕣英郭璞云蕣英不終朝言朝開暮落也爾雅翼云木槿今人植爲籬抱朴子曰夫木槿楊柳斷植之更生倒之亦生橫之亦生生之易莫過於斯也仲夏應陰而榮月令取之以爲候或呼

爲日及陸機賦云如日及之在條常雖及而不悟木槿作飲令人得瞑與榆同功其花用作湯代茗可以治風然茗令人不睡木槿令人睡爲異耳正二月扦插地上河泥壅之即活昔唐玄宗新折一枝爲花奴插帽即此是也別有朱槿即佛桑花絕似木槿大小稍異今人多混之按南方草木狀朱槿花莖葉皆如桑葉光而厚樹高四五尺而枝葉婆娑自

二月開花至仲冬卽歇其花深紅色五出大如蜀葵有蘂一條長於花葉上綴金屑日光所鑠疑若焰生一叢之上日開數百朶朝開暮落出高涼郡一名赤槿廣州府志云佛桑與朱槿花稍相似葉如黃桑差小州人呼爲小牡丹其色殷紅大如盞有數種白者青者小紅者捿子者四時皆有花東坡詩曰焰焰燒空紅佛桑是也八閩通志佛桑葉類桑花

如牡丹而尤紅又一種淡紅一種淡黃又有單葉者色亦深紅可愛土人呼爲照殿紅重瓣者呼爲鶴頂海槎餘錄云佛桑花枝葉類江南槿樹花類中州芍藥而輕柔過之開時當二三月五色婀娜可愛以此觀之則佛桑與木槿自是二種而興化府志云佛桑一名木槿九江府志亦木槿一名佛桑豈有誤耶今吳中亦有佛桑花自南方移來色亦殷紅唯易凍死。僧紹隆詩云朱槿移栽梵室中。老僧不是愛花紅朝開暮落渾閑事。始信人間色是空。

汝南圃史卷之八

汝南圃史卷之九目錄

汝南圃史卷之九目錄

汝南圃史卷之九

吳郡周文華含章纂次

草本花部上

蘭

蘭一名玉整花自遠方來者曰閩曰贛閩少而優贛多而劣凡葉闊厚而勁直色蒼潤者閩也葉隘薄而散亂色灰燥者贛也閩花大蕚多而香韻有餘贛花小蕚少而香韻不足就閩中亦自有異從福州抵泉漳五百里而遥

所産蘭彌奇道路彌艱梯山航海得之者尤邁等倫然閩蘭來此地者十未一二按舊譜有玉魫蘭一曰玉幹一曰魚魫總名玉魫其花皜皜純白瓣上輕紅一線心上細紅數點瑩徹無滓如淨琉璃花高於葉六七寸故別名出架白葉短勁而嬌細色淡綠近白香清遠超凡舊譜以爲白蘭中品外之奇有金稜

邊花莖俱紫其色鮮妍夏出他紫之上一幹十二蕚花質豐腴而嬌媚動人香清而郁勝於常品數倍葉蒼翠勁健自尖起分兩邊各綠一黃紋直至葉中映日鮮明如金線可愛舊譜以此爲紫花中品外之奇有朱蘭花莖俱紅赫如渥赭光彩耀日短葉婀娜一幹九蕚香倍他花有四季蘭葉長勁蒼翠幹青微紫花白質而紫紋自四月至九月相繼繁盛

聞諸閩人云此種在彼處隆冬亦常有花要不甚貴蓋其所長獨勤於花耳若宜與杭州皆有本山蘭蕙土人掘取以竹籃裝售吾蘇凡紫閩皆以盆植之其花香與閩埒但質則一妍一癡而遠不逮矣杭最早出興即繼之其品以白爲上次紫又次青唯大埰不動叢生結密者乃受培植售者往往解散故元氣泄傷不堪養矣須盆其價戒令勿析原埰乃

妙蕙蘭亦然一幹一花爲蘭開在冬春之交一幹數花爲蕙昔魏武帝取以爲香燒之開在春末夏初正與閩蘭各占一時齋中兼蓄二友即一年芳意綿綿不絕也其封植有十五則一曰凡置得佳蘭即須換盆向因長途負荷多是窄盆薄土若因仍不換則失養償事其舊盆輕手擊碎勿動原泥新缸須寬大而滲溼者底敲大眼用缸片襯起玲瓏便於

瀉水下鋪生炭一層上加好泥以原埰齊缸口四圍填平稍稍澆水令土勻適又蘭根之性頗與竹同向上而長不可埋太深以鬱其發生之勢若新泥未能如法姑稍待之作速造成好泥聽用未換盆時宜加意愛護勿爲日炙雨淋土力方淺不堪外侵耳二曰造泥用此地好山土去瓦石曬乾篩過或入火燒通紅或入鍋炒熱透然後攤於磚地用濃糞

潑過曬乾再潑或三次或五次再用草柴鋪上猛火燒過篩細收起停久聽用愈久愈佳多經風雨尤善若造完即用則其土太新糞中鹹毒尚存求益反損大抵植物莫不以土爲母泥芳草在盆受氣有限全賴良土滋養但能於土而盡乃心種蘭之道思過半矣三曰凡泥太久力衰則換之稍久不鬆則撥之不換則氣不生發不撥則水不滲漉三年一

換最爲調匀愼毋輕易分栽以泄元氣蘭是他鄉之客水土不習泥係肉根脆如燈心紛更之際多涉危險換土一策因革兼用既使氣暢土舒而常自深根固蔕雖遇暴寒亦能無畏真長策也換土時先用堅竹削成闊箆如大則子脚輕手挑開除去舊土勿傷其根加上新土澆水待實復加至平土既帶肥此後止澆清水即饒益之道已寓其中不假外

求矣若年深太盛盆不能容則換其盆換新盆必碎舊盆故凡用盆不必大佳每見有惜盆而損蘭者可爲殷鑒盆中有積年舊蘆腐頭亦須輕挑宿泥細心揀撥擘而去之以淨爲度勿遽全盆動搖蟻封蚓壤亦乘換泥之便仔細驅逐蓋其本意主於不大變更而隨時補偏救弊耳四曰蘭貴青翠多以避日就陰爲善殊不知其本自是與日相宜但不可

暴之太過耳蓋群卉中唯此花得陽淑之氣爲最純是以比德君子唯初分新植者根與土未相得獨爲畏日宜知趨避其久植深根本不畏日而未免於畏者其故有三一曰元氣弱二曰土不舒三曰水不匀是以驕陽爍烈多致乾枯養之者當扶其元氣沃其土膏時其灌漑使主本豐隆遇炎不畏不可任其衰弱而徒以趨涼避熱爲得計也蓋徒恃陰

涼者其大弊更有三焉一者素不慣日則驟見易萎若紈褲豢養而臨陣畏縮也二者少受日精則花不敷暢若火冷力遲而丹頭不結也三者陰盛陽衰則蟣蝨冗襍若世道否塞而群枉充斥也養蘭者其可忽於太陽之力乎大抵四時之中唯春風尖酸最爲南中草木所忌倘非十分和煦稍涉俏寒便當避風而并不見日其冬天只忌堅氷朔風若晴

天旺日極宜烘曬花芽孕育全在於此嘗讀石函太陽元精論世間一切名花未有不以太陽爲祖者也而水中起火復見天心冬日之日尤爲樞要至如初夏深秋皆宜近日唯盛夏初秋大熱之時須就東陽而避西照其法當於安頓之地擇其湊巧適宜者斯爲簡易不煩次之則舊譜箟籃遮蔽之法亦可暫用也蓋善養之道無過中和陽亢陰涸則多

憔悴而不滋榮陰勝陽微則又痴肥而不堅秀唯陰陽調勻水火兩足然後葉暢花腴蟣蝨屏絶投之所向無不如意然以不涼不溫爲得法者此又子莫之執中也當涼不嫌太涼當溫不嫌太溫陰陽互用而參和不偏乃爲太易隨時之中五曰澆灌黃梅雨水爲上尋常雨水次之宜多蓄聽用不得已而用清淨江湖河池之水其斷斷乎不可用者井水

也燥則潤之泛則節之全在圓活日氣勝則水宜饒日氣輕則水宜省亦隨意斟酌最嫌拘泥六曰培壅其理大半寓於造土添換之中矣泥久力微尤須幫助生豆腐漿一味最爲上品生豆浸汁亦可但始終俱臭殊覺可嫌或用靴鼓皮屑浸水（其他經硝皮俱味鹹勿用）或用白煑肉汁或用魚鱗水俱要停久臭過轉清方可用之或拾肉骨積多入瓦缽泥固燒存性

爲末糝根漸以水沃之諸法皆能助肥總未脫腥膻氣唯有櫛髮垢膩最佳須預囑櫛工收積聽用七曰閟地恒燠木葉不脫蘭離彼而至此多不耐寒必須霜降入室立冬閉戸冬至則用紙糊竹籠藏護周密安頓南牖遇十分晴和則揭籠曝之每數日一轉换令四面俱得日精明歲四面有花若風冷卽晴亦遮覆尤畏春風倘早出密室多於此敗切須

戒之清明方可闢戸穀雨方可出戸藏宜以漸而密出亦以漸而微天時人事必優游不迫而後能無弊有如乍寒遽重裘而微暄便袒裼其爲中寒之症也必不輕矣八曰蘭之萎死於冬也未必皆風霜之過也多因霜降後不禁澆水而盆内溼泥一遇驟寒卽氷凍根腐雖有智者無以善其後矣切記霜降節氣一交卽滴水不入至來年春分後方可以

漸沃之或謂立冬以前驚蟄以後倘覺太乾以竹絲帚輕蘸水但灑其葉勿沾其根九曰擬當別作一斗室卑之無甚高三面皆牆壁堅完獨留朝南一面用明窗稀眼厚紙密糊以豆腐漿刷令勻淨單通一門亦封其縫不容一隙風雨俟除日行南陸箕伯屏跡趙衰孔邇香嚴諸善友同入於毗耶空室溫溫然自成一世界或遇氷雪或防夜寒則於窗外

另掛竹簟草苫之類重加遮蔽至於極寒冱時用炭團火盆一二置室中以助其煖敵其寒卽烏勿瑟摩火光三昧無礙流通於衆香國土矣十曰日以暄之雨以潤之一陰一陽之道備矣又必風以散之其法有二庭階疎爽通風一也高架盆竅受風二也此皆天人參焉者也一遇震來虩虩卽芽茁額脫莫不蠢然此又雷以動之純乎天而人不與焉然

苟非平日善養則雖鼓之以雷霆而生意不舒者有矣夫十一曰蘭葉之有蟣蝨初若不甚爲害然未有蟣蝨生而蘭不敗者蓋非蟣蝨之能病蘭乃蘭既病而五衰相現爾舊譜有去除蟣蝨之法試之輒不驗後悟其理遂致按索蟣蝨而不可得何者脩其本以勝之也夫蟣蝨之生病根有三元神脫則外邪易干陽明怯則陰慝潛滋糞穢觸則醖類紛沓

無此三者蟣蝨何自而生耶十二曰蘭花不慕蟻蟻慕蘭花甘也最花不已必至嚙根由來漸矣必也造新土則火攻以殲其類換舊土則按山以擣其巢勿使滋蔓而難圖也淨土脩而內順治矣請防其外毋恃其不來恃吾有以備之於是深溝高壘有金湯之固焉其法用寬匾磁缸內疊厚甎邊離寸許甎上置蘭盆盆底近竅處其甎虛架留眼通風甎

外貯水常滿以隔絕蟻路此外微有蛛絲草莖稍可依附輒能渡蟻皆須痛絕又法用堅木井字高架上閣蘭盆架之四足各感究深瓦鉢貯水常盈北方用此貯牀足以防蝎南方用此頓蜂箱以防蟻今師其意而變通之由是蘭伯之庭絕蟻之跡矣四時唯冬無蟻仍有鼠患亦嚙其根之甘也紙糊竹籠不唯庇寒兼可却鼠更須晨夜巡警罔俾投間凡

此數者皆香積國中重門擊柝以禦暴客之意十三曰蚓患尤甚於蟻蓋一明一晦明者易察晦者難窺故蚓之罪浮於蟻去之之道造土燔其孽換土犂其庭高架截其路既與治蟻同意矣倘有不盡更於蚓壤所積處用銀七或竹篾輕挑細撥按尋驅遣既塞其源又障其流多方屏絕庶幾乎廓清可冀矣十四曰盥均蘭之導師也其術一言以蔽之曰

滋滋也者不涸不濫元氣融而土膏腴者也自省從事於蘭初嘗失之忘則常品僅繼嘗失之助則名品躓自後勿忘勿助恢恢乎游刃有餘地矣九折臂而成醫故不惜爲同志者詳述焉十五曰輿杭蘭蕙伏盆既久其花香倍郁質倍妍尤最耐久葉亦漸就蒼潤絕勝遠來初種者但須培以佳土澆灌及時水土既得則不畏日烘日烘氣足則花自繁葉

自茂此誠易簡理得人可與能者也秋末冬初風霜不懼冬至後移置南廊大水雪皆藏內室所以護其蘂開時置向陽所愼勿經雨如是則香久不散所以惜其花也又有一法輿與閩同凡花將蛻即連莖翦去勿容結子唯有蘭子獨爲長物一無可賞而能耗氣奪力銷減新花故必趣早割捨所以杜其泄而預養將來之馥也又蜜蜂採他花俱用雙足

挾二珠唯採蘭花則但背負一珠相傳以此貢獻蜂王不拘輿閩與蘭蕙夫子謂蘭當爲王者香此其一徵云凡蘭皆有露珠一滴在花蘂閒是謂蘭膏甘香無可擬餌之不啻飲沆瀣而漱正陽也多爲蟻竊前祛蟻之說備矣倘復遇其倉卒羣嘬他策未遑則急用雞羽掃除或用肥甘香羶之物誘而驅之此姑紓目前之患計出於無聊耳又蘭花香味俱

佳無毒可食一法拾其已蛻之花先入霜梅汁浸透次用蜜煉過者浸之爲菽一法摘其初開之花用天池佳茗焙熱者或顧渚蒸熱者一層茶一層花入磁窨封聽用凡作菽可施於閩以其少而難得故收於既蛻而并咀其質製茶可施於輿以其多而易致可採於方吐而止奪其香然茶可兼菽菽不可兼茶則又以奇馥不宜暴殄而餘馨總堪愛惜倘

亦器使之道固然耶

附閩中每月植蘭歌

正月安排在坎方黎明相對接陽光雨淋日炙都休管要使蒼顔不改常吳中正月勿雨淋

二月栽培最是難須防變作鷓鴣斑四圍插竹防風折背葉猶如護玉環

三月潘郎出舊叢盆盆切忌向西風隄防溼處多生蝨根下猶嫌著糞濃閩忌春風何況他境糞宜全戒豈但嫌濃

四月清和日似丹沙泥立見暫時乾新鮮井水都休灌膩水常教進若干

五月新芽滿舊窠綠陰深處最平和此時葉退從他退翦了之時愈見多

六月炎陽酷愈加芬芳枝葉正生花涼亭水閣宜安頓否則窓前作架遮

七月雖然暑氣消却宜三日一番澆更防蚯蚓傷根本肥水三停爭一調

八月天時稍覺涼任他風日有何妨經年污水尤堪美若浸雞毛水亦良雞毛水非化盡無滓者不可用

九月將終有薄霜階前簷下謹收藏若生白蟻何黃蟻葉灑淸茶庶不傷

十月陽春煖氣回來年花笋又胚胎玉根不露眞奇法盆滿之時急換栽吳地換盆須秋分後

仲冬宜頓向陽方夜分還須密處藏土面常教

微帶溼勿令乾燥葉萎黃吳地勿溼欲潤別有巧術

臘月天寒霜氣推可安屋裏保孫枝只期凍解東風後正是斯人道長時

又訣云

春不出　夏不日　秋不乾　冬不溼

玠珍蘭

凡蘭皆草非木獨玠珠蘭不草不木茉莉其枝葉而黍米珠其花細時卽爲藥巨時卽爲開

一名賽蘭或名碎蘭幽芳酷似油然襲人殆
楚畹之别宗也

樹蘭

樹蘭不草而木其榦勁於珎珠葉如五加而大倍之聞其花與珎珠蘭大同小異廣中有大如梧桐者此間僅見葉而不見花豈以小故耶土人以法烝造粗線香嘗從友人得而爇之其臭如蘭

風蘭

風蘭似蘭而小其枝榦短而勁類兎花不用砂土惟以小索懸於簷下無日有露之處三四月中開小白花夜嗅之極香將萎轉黃色黃白相間如老翁鬚或以冷茶沃之或云以婦人敝髻鐵胎盛其根而以頭髮襯之則茂盛雁山志云土人謂之乾蘭今人家謂之弔蘭

箬蘭

箬蘭其葉如箬四月中開紫花形如蘭故名然而不香徒冒蘭之名耳與石榴紅同時婀娜可愛以花開時分

紫蘭

紫蘭葉狹如水仙比蘭葸短而柔三月中開紫花有色無香春初苗長可分或云郎馬藺子

菊

西清詩話載歐陽永叔與王介甫爭辯落英詢之楚人實無此種離騷半部竝是英雄欺人語或謂落字之義當訓作始如毛詩訪落之落誠然哉大要菊有數種黃者為正月令他卉皆曰始華於菊獨曰菊有黃華正其驗矣王弇州曰時至暮秋群芳揺落而菊獨殿秋光抱寒馥以競晩節所以識之者儕之芝蘭

比之君子寧有君子而人不悅慕者耶故幽人貞士或餐英以療饑飲水以滋壽釀酒以祓除不祥咸於菊焉取之粤自漢胡太尉汝其實種之燕都而其傳遂廣陶靖節植之三徑而其名始重然當時東籬把菊而白衣送酒賞之者惟黃花而已麗色奇態人亦罕覩繼後東陽菊圖多至七十種菊譜有八十一種范村所植有三十六種吳門史老有二十

七種今三吳約有百種豈風土不同而名品亦因之以異耶抑人情所鍾而花神遂變幻耶惟其種類蕃衍色相奇出故好之者聲應景從獲異種者藏之若珍購之者不恤褁帶若然則培植愛護全其天葩以供吾之清賞者不可不豫也傅伯雅次為菊月令云正月立春數日將隔年酵過肥土用濃糞再灌兩三次曬乾篩淨收貯無風處待其熟過以俟

登盆時用若菊種在盆切不可移動仍用草溫護將清糞水澆兩三次使秋早發而肥大二月初旬氷雪消融此時除去舊護穰草春分後擇地一方倒鬆用糞澆灌三四次攤平曬乾以俟穀雨分秧時用菊稍奇異難得者必發苗少全在此月培壅得法覩菊頭生在莖上土不及者將土壅高培之或有五六寸及尺許高者將菊本橫壓入土仍用小竹拔

引頭向上用隔年黄梅水澆之則根易生看得新芽發生比舊長二三寸許則芟老根長即可分矣葺理修護全在人力稍有不至則多者少少者絶矣三月穀雨前後三四日爲分秧之期選擇菊秧長壯正直者逐芟分開種在前所攤平之地相去四五寸蒔一根將紙界畫地鄰圖様以記菊之名號庶登盆時無差悮之失分完用竹搭棚蓋護之棚高二

尺許每早起汲河水過澆澆過即蓋直待新葉透心方可見日俟長尺許以至立夏後小滿前又爲登盆之期矣用篾箍瓦四塊作盆埋地寸許使地氣相接水不停積爲佳撥時每株根邊必帶故土周方二寸餘使其不知遷動庶易長盛種法先將瓦筒安置成行得法後用地泥二三寸於盆下加濃糞一杓灌定搬菊秧於上方用屋内熱過之土須滿壅

如饅頭令水易瀉若無瓦筒將地鋤高尺餘相去尺許始掘一穴亦將濃糞鋪底種法如前周圍必掘深溝洩水雨過不拘何月務將積水之處疏通使流遠去不論在盆在地即以屋内肥燥乾土壅之如久雨不歇在瓦者可移至簷下爲佳又法將篩細肥鬆好土入甑蒸熟曬乾入盆能絶蟲蟻侵蝕之患種完每株下或用樹葉或用碎瓦蓋其根土以防

雨中濺泥汚壞青葉若失於蓋蔽雨後即移水盆至菊旁洗去葉上泥滓每遇澆灌必暫除所蓋之物澆過仍蓋月月如之能遵此法則自頂至根青葉亭亭一無枯黄之可慮也新種後必間日一澆用河水和糞早起澆之待菊長尺餘天向炎熱則水多糞少至六月間不可用糞矣過此仍加如前四月小滿時菊皆登盆移種嫩頭上多生小蜘蛛每早起

尋取除之又有小黃蟲生於葉底如人身疥
蟲之狀延蛀亦能損壞居處有白痕如線將
葉翻轉細看痕住頭處即蟲所矣必剔殺之
又有一種曰菊牛日未出時慣咬嫩頭二截
生子在中至日高菊頭即垂視其咬處必速
掐去又多去寸許方得無害遲一二日其子
即成一小蛀蟲蛀空菊本雖至深秋結蘂遇
大風必折即無風雨葉必萎黃漸至枯槁乎

時細視其蛀處用鐵線磨尖觸殺之其蟲上
半月居蛀孔之上頭亦向上下半月居蛀孔
之下頭亦向下屢試皆然菊牛之狀如蠅背
有甲堅而黑如小楊牛之狀亦須蹤跡其處
以杜絕之又有細蟻侵蛀菊本生白子於嫩
葉中形如白蝨又有小黑蟲如黑蝨者群聚
嫩頭並能害菊須用洗鮮魚水遍灑葉間或
澆土上即除滅矣倘驅之不盡仍早起以敗

箒拂去之菊長將及二尺便以堅直小籬竹
插傍菊根以軟莎草寬縛使菊本正直不至
屈曲數日後視菊肥大者可先捏去母頭令
其子頭分長小弱者再遲數日捏之每本止
留六七頭多則八九頭以防損折如遇寒菊
必須頭多用篾作箍圍定至深秋則團圞如
蓋良可賞玩五月夏至前後將菊頭再整一
次視繁盛多頭者留七八九頭瘦弱者留三

五六頭每早用菜蘇餅屑水取其清冷者澆
之不可用糞及犯酒醋醎酸之類以醃觸之
菊性喜乾惡溼尤畏梅雨此月倍宜顧戀凡
欲過接必在此時其法選雜菊之繁盛者一
株種大盆中間以爲主本四圍種各色五六
棵以爲旁菊待梅雨時扯主本與旁株交過
各用利刀削去其半使膚肉相並如一用綿
紙條緊縛密纏置之陰處或搭棚蔽日遇雨

露則除之覩兩枝交合皮肉相連生意完固然後將主菊之頭旁菊之本相聯處截開遂成一本矣一本可接五六色唯梅雨中得活餘月必無生意遇有奇色異種苗少難得者只須在修理之際取其嫩頭用朽木一塊鑽眼浮水將菊插定薄加肥土漂養月餘自生根鬚看根長葉透連木搬種自繁盛矣亦必須梅水爲良或用菴蘿草接菊將菊頭摘下

以刀斜批相合即用鵞毛管或葦管管在所接之處莫令寬動外用泥密閉管口兩頭仍用紙條縛定置於陰處數日覩有生意輕輕用刀劈去其管即成眞菊矣六月大暑中每早止用清河水或天落水澆菊旁宜以大缸畜注天水河水之類覩陰晴燥溼而加減之大抵此月天熱土燥必不可用糞也若遇土間生蚯蚓土蠶等類必掘去之若近根難滅

者用糞與小便灌之待蟲死斷絕仍用天水連澆數次方不害花又菊根至香常有蟻穴於下須用鼈甲或油紙條引出驅之此愛養之法也菊有粗葉細葉不同粗葉如七色鶴翎狀元紅狀元紫福州紫麗金香倚闌嬌羅傘紫袍芙蓉絞絲鎖口佛頭二喬金菊之類最愛肥濃除此月外間三四日一澆愈肥愈盛細葉如飛金翦茸大小擷花翦綃銀薇壯

丹蘇桃繡毬嫦娥獅蠻撮頭等類只可在初種時用淡糞水澆一二次稍以濃肥者灌之反至腐敗至於月下蠟瓣葡萄西施四種切不可見糞一澆即葉大頭籠消乏無藥矣變花者尤當辨之七月初旬有等蠶樣青蟲與葉一色潛住葉底卒然難見下必有蟲糞如蠶沙者因糞尋蟲則易得也亦必於早起尋殺之立秋後三五日不論其枝之長短竝不

可損因此後再不能長新枝故也菊之全本或有參差高大者鬆停澆灌瘦短者糞水澆之促之使長以成行列用糞之法亦有次序初次糞二水八第二次糞三水七遞至相半以後覘花之肥瘦為加減瘦者濃而多澆肥者淡而少澆要皆在於發蘂之後就粗花而論宜如此至細花又不可例用也八月間多有狂風驟雨再揀堅直籬竹攢縛菊本竹上

使相搭定勿令搖動每本再用莎草縛過三四節庶免傷殘之害白露後蘂頭將綻每枝上留中間一大蘂餘皆芟去不可多留多則花頭微薄極繁盛者止可留八九朶為率菊蘂嫩脆選摘時必須以左手兩指穩定菊頭然後以右手指甲掐去否則連頭剔落一歲辛勤遂成無用摘蘂之後不論粗花細花每朝以糞水灌之愈頻愈良晴天日熱毀一日

兩灌無妨也九月蘂綻將開之際必須豫搭陰棚遮蔽風霜庶花開悠久色不衰褪未開時切不可將菊本移動漏洩真氣花開間有不足者研硫黃水澆根經夜即發粗花易種易開花亦易凋細花難種難開花亦最久粗花葉茂而青花大而肥本高而整雄勁峭直超然出群譬如濃艷美人傅粉凝脂粧束富麗情態舒暢色映人目乍見之無有不動情

者細花枝細而常失之軟花大而常不能足然名攢花者真如百花攢聚名蓊茸者真如萬錦零簇名超瓣者真如千甲鱗集婉媚綽約若淡粧西子雲裳縞衣竚立凝思如不勝情故細花誠足貴重而粗花亦未可少也十月下旬菊花已殘將綁縛朽竹撤去選好者收貯以備來年之用本上枯花小枝並皆折去止留老幹尺許勿使折遲以被風搖本根

傷凍菊裔此時向寒宜用亂穰草蓋護以禦風雪氷凍每本置竹牌一片寫名揷之十一月中旬未凍之時擇高阜爭地倒鬆深二尺許揀去瓦礫用濃糞連灌四五次曬過堆好仍將舊藁薦或亂穰草蓋護免致氷凍難鋤滅損肥力有悞來春種植蓋菊性最喜新土必須一年一換盆中亦然如不依此法春間雖活經過梅雨多致枯死若有空屋灌酵完

時卽於此時收貯屋內待其熱過取用尤佳十二月中細看菊本蓋護處草少再加增厚以蔽霜雪俟天日晴和用好糞培壅四邊毋令著根待春氣發揚苗自爭盛所謂臘糞必不可少者良有以也一法於臘月之內掘地埋大缸或甕入地三四尺許積貯濃糞上用板蓋塡土密固至春盡渣滓俱化止存清水名爲金汁五六月間菊爲驟雨搖黃葉萎將

死用此汁連澆兩三次足以回生且花開肥澤不止於菊凡一應花草經之無不向榮好事者必當預辨相傳藝菊十事一曰聚種菊花開時花葉俱佳者爲來年預種張本須有花方眞無花恐有僞種爲人所賣二曰藏種菊既殘盡將朽竹撤去摘去枯花止留老幹尺許其幹上嫩頭名曰回青不可去之倘根上無秧以土壅之作種凡遇異種而難於得

秧者將來橫種地上認記正根所在以竹揷之用土壅壓待枝上嫩頭生根卽割斷原本則原根旣自有秧而枝上嫩頭復活種可多得也藏秧時須搭草棚覆蓋以防霜雪之侵或移屋廊下亦可至二月中旬方可移出受雨露也三曰積土凡菊最愛新土最怕舊土無論在地在盆每年須換不爾雖春間盛大而黃梅雨中定難存活故必於蠟月中先將

熟地活土鋤轉以純糞酵之隔三四日再鋤轉濃酵如此數次至春曬乾揀去瓦礫及蟲子之類妝貯淨屋中聽用四曰分秧菊既發秧至穀雨前後遇天日晴煖擇肥大者分之瘦弱者待再長分之分時將菊本去舊土取嫩頭秧種淨新乾瘦土中分記明白用雨水澆之不可太溼又不可太乾用蘆蓆搭棚覆蓋以度其生遇雨及晚間即揭去以受雨露

既活即不可頻澆遇日色稍淡即去蘆蓆微曬之使其枝葉老硬移種可無損也五曰登盆用瓦四片湊成圓盆將篾箍箍定再用火盆打穿當底將瓦盆安頓入不肥不瘦之土用手輕輕築實略淺盆口二寸許以待後增每菊秧根邊須帶秧時土周方三二寸使其不知遷動爲妙種秧須稍偏他日插竹正中方可修葺使行列整齊耳六曰修葺菊既登

盆約長五六寸時即插小竹一根當盆正中用莎草寬縛竹枝附竹上此竹名爲命竹須細而堅直者使菊本正直枝不屈曲待長七八寸許即掐去正頭待其分長小頭多則留五少則留三或二瘦甚者不去正頭止存其一頭多則力分而花小開亦不能足矣每日細玩枝頭稍不整齊者趂嫩小時縛之及其老硬即綁縛整齊終無自然之致耳七曰澆

灌覆蓋培壅五月夏至前不可澆糞止用蠶豆殼浸水澆之或大麥煮汁用河水三七分和之雨水尤良梅雨過後即接三時雨此雨最能損菊大雨過後看有細根露出即用乾淨略肥土薄薄蓋壅根邊作饅頭樣則水自不積可免爛根之患矣若雨雖大而根不露即勿增土土厚又能損菊且來年秋少故耳夏月天熱土燥須搭棚用蘆簾覆蓋使日色

微照入菊叢中又且隔彼炎威也此時須日日早起澆之常使土潤乃佳秋後亦有大雨能濯去菊根之泥雨後用極乾肥土薄壅如梅雨時至白露後撤去蘆簾不用蓋矣此時須用宿糞和雨水相半隔兩三日一澆則花開肥大八曰驅蟲種菊土須火燒過方免土蠶之患四月小滿時嫩頭上多生小蜘蛛每早起尋殺之又生一種小硬殼黑蟲名曰菊

牛日未出時或巳午二時慣咬菊頭頭即垂下覷其咬處掐去寸許方不爲害若愛惜不去或去之稍遲則梗中必生蛀蟲雖至秋結蘂遇風必折甚至有蛀到根邊而萎者必須尋殺之或懸於菊竿上使來者知懼此蟲五月間生子寄其子於菊中非來食菊也四月初至六月初乃絕又有一種無頭無尾或紫或青狀如芝蔴遇天色稍早卽攢聚菊心則

此頭遂不肯長結成一叢而葉盛無華矣用鵞毛輕去之又用洗鮮魚水澆及灑葉上其蟲遂絕又有小蟻侵蛀菊本以鼈甲用熟油香料炙之置菊盆邊蟻卽聚食移之他處自然絕矣七月初旬有等食葉青蟲與葉一色卒然難見必因其糞而尋殺之又有一等小蟲形如針頭色黃菊花嫩心多爲所食名爲鑽心蟲乃小灰蝶生子所化也要去此蟲先

殺小灰蝶若此蟲已生趁於未壞心時去之方可保其有花去之稍遲縱有花亦不能肥大整齊也九曰留蘂菊旣生蓓蕾且未可移動待蘂頭綻如菉豆大每枝留正頭蘂一顆餘皆剔去不可多留或正頭傷損擇旁頭肥大者留之菊蘂嫩脆修時須用左手雙指穩定菊梗然後以右手指甲細視端正輕輕掐去否則連頭折損遂爲無用矣十曰看菊凡

菊初放不可便入室中須用搭棚遇日則用蘆簾蓋之使有日色照菊上則藥易開而花不淡若日色太重則色必變遇雨用蘆蓆蓋之若一經雨花瓣與色皆壞矣遇無霜天晚去簾蓆以承露則花富而色艷也直候開足方可入室中賞翫

水仙

水仙葉如蒜故一名雅蒜一莖數花花白中有黃心如盞狀俗呼為金盞銀臺其中花片捲縐密麼一片之中下輕黃上淡白如染一截者乃千葉通謂之水仙然單瓣者貴黃山谷詩曰何時持上紫宸殿乞與宮梅定等差其見重如此種須沃壤日以水澆則花盛地瘦則無花其名水仙不可缺水又云收時用小便浸一宿取出曬乾懸之當火處候種取出無不發花者水雲錄云五月分栽以竹刀分根若犯鐵器三年不開花便民圖纂云六月不在土七月不在房栽向東籬下寒花朵朵香灌園史曰和土曬煖半月方種種後以糟水澆之神隱云不移出浸吊宿根在土更旺浣花雜志云如在土恐葉長花短宜六月初起根懸於透風廡下七月終栽於肥土澆用

小便最威氷雪委齊雜錄云霜降後搭棚遮
護霜雪仍留南向小戸以進日色則花盛高
深甫曰土近滷鹹花發必茂故吳中水仙唯
嘉定上海江陰諸邑最盛而插瓶亦用鹽最
可久宋培桐曰如種在盆內者連盆埋入土
中候開花取起頻澆梅水則精神自旺

汝南圃史卷之九

汝南圃史卷之十目録

草本花部下

汝南圃史卷之十目錄

汝南圃史卷之十

吳郡周文華含章補次

草本花部下

罌粟

罌粟結實如罌貯粟故名或作鶯粟者非一名御米又名米囊花巽隱集云滇陽二月罌粟花盛開皆千葉紅者紫者白者微紅者半紅者傅粉而紅者白膚而絳唇者丹衣而素純

者殷如染茜者一種而具數色絕類麗春譜之所云昔在故鄉有亭芙蓉浦上亭外罌粟三畝許花唯單葉紅白二色而已兹焉流落萬里人事不及而植物過之感而賦詩云二月昆明花滿川麗春別種最芳妍青黄未着罌中粟紅白都開地上蓮逐客形容嗟老矣美人顏色笑嫣然馬頭初見情多感吟得詩成莫浪傳鄯闡東風不作寒米囊花似夢中

看珊瑚舊是王孫玦瑪瑙猶疑內府盤嘶遐驊騮金叵匝飛來蛺蝶玉闌干瘴烟窩裏身今老春事傷心思萬端蘇子由居潁川家貧不能辦肉每夏秋之交菘芥未成則盤中索然或教種罌粟決明以補其匱作詩云築室城西中有圖書窻戶之餘松竹扶疏拔棘開畦以毓嘉蔬畦夫告予罌粟可儲罌小如罌粟細如粟與麥皆種與穄皆熟苗堪春菜實比秋穀研作牛乳烹爲佛粥老人氣衰飲食無幾食肉不消食菜寡味柳鎚石鉢煎以蜜水便口利喉調養肺胃三年杜門莫適往還幽人衲僧相對忘言飲之一杯大笑忻然我來潁川如游廬山子家有數種皆千葉有翦茸花瓣狹長如翦有毬花瓣闊大紐結如毬各有大紅桃紅純紫紅紫純白五色四月中盛開富麗瓌瑋不減牡丹亦一時之奇觀也

瑣碎錄云九月九日種罌粟以竹掃帚撒結罌必大子必滿又云中秋夜種則子滿罌又云種訖用竹帚勻掃則成千葉又云以兩手重疊撒種即開重疊花皆不足信種法須先治糞地極肥鬆於八九月內用停冷飲湯弁斛屑（即鍋底灰懼爲蟲食）和細乾泥拌勻下訖仍以灰蓋出後澆清糞芟其繁食之以稀爲貴待長用細竹扶之以防風雨傾側灌園史曰以罌汁拌撒用泥蓋之可免蟻食浣花雜志云罌粟子最細而香爲蟲蟻所嗜撒地即用濃糞蓋之性極喜肥若土瘦及下種太遲或繁密欠芟亦有變爲單葉者或有春間移栽必不茂凡單葉者粟必滿罌千葉者罌多空其苗可爲蔬收其實可作腐易牙遺意云罌粟和水研細先布後絹濾去殼入湯中如豆腐漿不令滾即入菉豆粉攪成腐凡粟二分豆一

分脂腐同法脂即芝蔴也

麗春

麗春叢生莖葉實皆如罌粟而莖稍細莖有毛折之則出黃汁用糞澆則花朶豐腴有大紅粉紅紫白諸色一本而數十花嬌嫩可愛且耐久又名蝴蝶滿園春本自雲南來鎮江呼爲百般嬌吳俗呼爲虞美人蓋罌粟之別種也

葵 蜀葵 錦葵 秋葵附

葵花三種一曰蜀葵有紅白紫墨淺深數色白者微香八月下種十月移栽明年四月始花當年撒者無花土肥則單葉成千葉爾雅翼云菺戎葵郭氏曰今蜀葵也似葵花如木槿然今蜀葵非一種有深紅淺紅有紫有白莖皆相似其開自本以漸至末盛夏次第開敷光彩可觀凡草木從戎者本皆自遠國來古

人謹而志之今戎葵一名蜀葵則自蜀中來也酉陽雜俎云蜀葵可緝以爲布枯時燒作灰藏火火久不滅農桑撮要云俟花開盡帶青取其楷勿令枯槁水中漚一二日取皮作繩用瑣碎錄云蜀葵束作火把猛雨不滅遠行宜備菽園襍記云常見一士人家葵軒卷中記序題詠皆形狀今蜀葵花蓋不知傾陽衛足自是冬葵可食者詩七月烹葵及菽公儀休拔園葵是也二曰錦葵花小初夏盛開莖長六七尺花綴於枝亭亭如旌幢繁麗可愛一名荍亦名芘芣爾雅翼云荍荊葵也蓋戎葵之類比戎葵花葉俱小故謝氏曰荍小草多花又翹起也花大如五銖錢色粉紅有紫紋鏤之大抵似蘿蔔花故陸氏云似蕪菁花紫綠色可食微苦是也亦其文采相錯故陳風男子悅女比之曰視爾如荍言如葵花

之小而可愛也有三種紫白粉紅今人家園圃中唯見紫與粉紅而白者絕少三曰秋葵本草衍義曰黃葵花與蜀葵別種非謂蜀葵中有黃色也蓋黃葵葉尖狹多缺如龍爪紫心六瓣而側人謂之側金盞與蜀葵不同今作器皿多倣之二月下種七月開花九月結子收花不犯手浸菜油中貼湯泡或收傳瘡瘇輒效又臨産取子四十九粒研爛溫水調

服爲催生勝藥或搗爛塗產婦右邊脚心胎衣即下須速洗去勿遲

百合 渥丹附

百合莖高二三尺葉如柳四面攢枝而上至杪則著花爾雅翼云根小者如大蒜大者如碗數十片相累如白蓮花故名百合言百片合成也有一種白者極芳香花重常傾側連莖如玉手爐狀名天香中有檀心花色初青黃既而純白花形如錦帶而鉅麗無比每向晚則芳香襲人晝則稍歛故又名夜合花此百

合之最上乘也又有一種名麝香其花葉與天香相似但短而繁麝香開於四月天香開於六月別有蒯豁一種則花葉俱小香韻亦劣開花亦後吳中人取其根蒸熟用以點茶味甚甘美最下者爲虎皮百合形如萱花紅斑而小子綴枝葉間如珠故又名連珠香與色俱無取其根最毒不可食水雲錄云二月種百合取根大者擘開以辦種畦中如種蒜

法以雞糞壅之則盛其根可蒸食曬乾搗麪大能益人雁山志云百合一名鬼蒜荒年山中人取以療饑浣花雜志云百合於花開時始可分栽或云二月間者謬性極喜肥移植盆盎中可不取本根莖帶根鬚即活肥則明歲有花瘦則隔年方藥八閩通志云一種莖葉俱小花深紅色今呼爲石榴紅一名山丹又名渥丹其花有色無香亦百合之類

萱草

萱草春生苗其花黃色微帶紅暈有二種一種千葉夏開花其枝柔不結子一種單葉秋開花其枝勁結子子圓而黑俗名石蘭別有一種名金萱五月初開花花小而香鵞黃色即麝香萱也吳郡志云麝香萱吳中有之其花淡黃比常萱差瘦弱其香全類茉莉爲可貴也亦有粗細二種以葉之粗細爲別而花與

子極相類但細葉者差小先開居家必用云春移根畦中稀種之一年以後即稠翦苗食之如枸杞法至秋不堪食雁山志云花半開時取以淹漬作葅或熏乾以點茶其味甘美今北地所收紅花菜即石榴紅黃花菜即萱花也亦謂之鹿葱埤雅云鹿食此草故名鹿性警烈多別良草常食九物餌藥之人不可食鹿以鹿常食解毒草故能制散諸藥周處

風土記以爲其花宜懷娠婦人佩之必生男故名宜男草然南方草木狀又云水葱花葉葉皆如鹿葱而開亦同時花有紅黃紫三種出始與婦人懷娠佩其花生男者即此花非鹿葱也爾雅翼云詩焉得諼草言樹之背諼忘也衞之君子行役爲王前驅過時不返其婦人思之則心痗首疾思欲暫忘而不可得故願得善忘之草而植之庶幾漠然無所思

然世豈有此物哉說者因萱音之與諼同也遂命萱爲忘憂之草蓋以萱合其音以忘合其義耳然忘草可也而所謂忘憂憂之一字從何出哉此亦諸儒傳會之語也按古今注引董子云欲蠲人之憂則贈以丹棘一名忘憂欲蠲人之忿則贈以青棠一名合歡故嵇康書曰合歡蠲忿萱草忘憂據此則合歡忘憂自是二物而合歡且是木類居家必用便

民圖纂遂以萱草爲合歡其謬甚矣後見草木略亦云萱草一名合歡草一名無憂草以夾漈之博洽猶有此失況其下者乎夫因諼作萱而以爲忘憂草因宜男而後世遂以母爲萱皆承訛踵謬可發一笑

石竹 洛陽花附

石竹草品莖如細竹枝葉如茗其花紫色類翦碎者李太白詩有石竹繡羅衣之句叢生高尺許五月開花冬間分栽入閩通志云錦竹一名石竹俗呼天南竹今人誤爲石菊王荆公詩云退公詩酒樂華年欲取幽芳近綺筵種玉亂抽青節瘦刻繒輕點絳華圓風霜不放飄零早雨露應從愛惜偏已向美人衣上

繡更留佳客賦嬋娟別有洛陽花又名瞿麥與石竹葉相類開亦同時但石竹千葉洛陽單葉石竹葉青翠花艷麗洛陽較之稍劣石竹結細黑子少洛陽亦結細黑子子多此其辨也八月中收子種之即出二花枝蔓柔弱易散漫須用小竹圍柵方可觀按吳郡志石竹花狀如金錢而西湖游覽志云石竹纖細而青翠花有五色嬡媚動人山陰志云洛陽花有五色色甚媚今石竹多葉不類金錢其色唯紫而洛陽乃有五色其花與金錢相似蓋洛陽與石竹實是二種耳洛陽花將開如卷旗以漸舒展常以正午開午後則卷山中常有之今人多植盆盎中豎家取以入藥李息齋竹譜云石竹京都人家好種之階砌叢生葉如竹莖細亦有節莫春花開枝杪或白或紅或粉紅或有紅紫暈或重葉多葉不

等花盡有子成房刈去再生至秋仍如春盛亦有野生者

剪春羅　秋羅

剪春羅一名剪金羅一名剪裙羅又名碎剪羅五月中開花金紅色無香邵武志云剪春羅莖高一二尺葉如冬青而小攢枝而上每一莖開一花緋紅色花瓣上茸茸類剪刀痕故名李息齋竹譜云剪竹生江浙廣右永湘間甚多枝間有節其葉似桃其花如石竹差大丹紅一色多於盆檻內種之別有剪秋羅名

漢宮秋與春羅相似而葉赤且尖以八九月開花深紅色瓣分數岐亦如刀剪狀其色絕佳八閩通志云秋開者名剪秋羅金陵人又呼爲剪紅紗春初皆可分栽嶺長佩花史云二羅雖並稱而春羅類紙花了無秀色不若秋羅之殷紅映帶晚霞尤鮮麗可愛春栽肥土夏間頻以水灌之秋必茂盛不可缺水亦不可著糞及曝烈日中花後結子候其枯曬乾收藏來春下種須防護嫩秧驟雨濺泥極能損害如培養得宜當年卽有花而短次年則長大浣花雜志云二花種法必以分根爲最如收子宜於二月中篩細泥鋪平摻子在上將稻柴灰密蓋一層次將河水細細灑上以溼透爲度

鳳仙

鳳仙一名金鳳又名鳳兒花形宛如飛鳳故名有淺深紅紫灑金純白六七餘品又有單葉重葉之異邵武府志云其子作房生微觸之即罅裂俗呼爲急性子土人因取研爛用滚湯調服以治難産甚效湯火方亦用此陶昆陽云鳳仙俗名透骨草取其根葉煎湯洗足最去溼氣白者尤勝癸辛襍識云取紅色鳳

兒花并葉搗碎入明礬少許以染指甲初染色淡連染二三次色若胭脂洗滌不去二三月下種五月開花至秋子落復出又作花遇霜而槁

白萼 紫萼附

白萼一名玉簪花未開時其形如簪又名白鶴葉大如扇六月開花質雅素而香水雲録云三月種玉簪宜栽肥土取半開含蘂拖麪煎食味甚香實績醫說云有患魚骨鯁或令取白萼根搗汁服之約一盞許明日咽喉腐爛不食而死鎮江府志云又一種花葉俱小色淺紫名紫萼先白萼一月開花香韻比白萼

稍劣大抵花有色則無香凡白花多香也

蛺蝶花

蛺蝶花即射干其花六出色黃上有紅點中抽一心心外黃鬚三莖繞之六七月開結莢有子葉類萱而扁以其花似蝴蝶故名九歎云掘荃蕙與射干兮耘藜藿與蘘荷亦嘉草也圖經本草云射干生南陽山谷今人家庭砌間亦多種植春生苗高二三尺葉似萱而狹長橫疏如翅羽狀故一名烏翣謂其葉中抽莖似萱草而強硬六月開花黃紅色瓣上有細紋秋結實作房子黑色根多鬚皮黃黑肉黃赤三月三日採之陰乾八閩通志云俗名扁竹毘陵志云一名烏扇亦名鳳翼浣花雜志云蛺蝶開花於春末結子於夏初壅以無灰雞糞然亦不宜久淹八月下子二月移栽高阜處則茂唐荆川蛺蝶花詩云蜀地羅裁就（蜀有蛺蝶羅）漆園夢始通何言金翅色翻在碧

林中未辨逍遙影爭矜點綴工採香蜂趁侶啄蘂鳥銜蟲易濕緣多粉難飛詎少風美人笑來撲誤使損芳叢

決明

決明夏初下種生苗高四五尺葉似苜蓿而大六七月開黃白花秋深結角其子生角中如羊腎初出苗及嫩蘂嫩莢皆可食俗名望江南水雲錄云種望江南候花蘂半開摘下沸湯淖過鹽醃一時曬乾食之其味甚美若以嫩尖與花炒食尤佳子不堪食藥性論云決明利五臟常可作菜食之又除肝家熱朝取

子一匙挼令淨空心吞之百日夜見光杜子美秋雨歎云雨中百草秋爛死階下決明顏色鮮蘇子由種決明詩閑居九年祿不代耕肉食不足藜烝藿羹多求異蔬以備晨烹秋種罌粟春種決明決明明目功見本草食其花葉亦去熱腦有能益人刴可以飽三嗅不食笑杜陵老又云蜀人舊食決明花潁川夏秋少菜崇寧老僧教人弃食其葉霏雪錄云

人家園圃中四旁宜種決明蛇不敢入又云陳白雲家籬援間植決明家人摘以下茶生三女皆短而跛王氏女甥亦跛會稽朱氏一子亦然其家亦常種之悉拔去未知信否

圃史　卷十　決明　丗　書帶齋

金錢 銀錢附

金錢花午開子落一名子午花吳人呼爲夜落金錢又名川蜀葵其形細長附幹而生花在葉間葉與子皆類黃蜀葵而小故得葵之名花深紅色亦有玉色者高僅尺許種自外國梁時始進故有豫州掾屬雙陸賭花之事三月下子俟長二寸即扶以小竹七月中開花結黑子一圓苞内藏數粒玉色者名銀錢白

氏集有咏能買三村景難供九府輸

秋海棠

秋海棠草類相傳昔有女子懷人不至涕淚灑地遂生此花色如婦面名斷腸花花於七八月中開淺紅色葉綠花梗亦紅更有一種葉背如胭脂作界紋似勝綠葉而花色較淡結子如薯蕷著枝間種之亦可出性畏日而喜陰溼最宜背日牆下或用盆栽冬間恐凍損移置室中稍以水潤之不令太枯至三月發

芽此花好潔唯用清水澆灌一切汚穢皆不可近然又喜肥須以糞坑内瓦片滌淨放根鬚邊極盛切不可用土覆覆則立萎顧東橋詩云陰葉翠瑤溼薄英紅粉香絕憐秋苑下復雨見春光陳石亭詩云露浥秋姿膩風回宮袂涼無緣被春色猶得向秋陽此花盛於金陵凡士庶家及妓館僧廬無不栽之二公爲金陵人故賦詩特工古人咏花都未及此

雁來紅 十樣錦附

雁來紅俗呼老少年春分下種出後移栽高六七尺感秋氣其莖端新葉層簇鮮紅可愛愈久愈妍別有純黃者癸辛雜識云雁來紅即藿也毘陵志云雁來紅似藿而葉端色黃即玉樹後庭花又一種名映日紅其葉盡赤據此乃知似藿而葉端色黃者蓋指十樣錦而映日紅則老少年無疑矣二種相類故其名

易混十樣錦葉綠初出時與莧無辨秋深秀出新葉紅黃相間老少年葉初出後乃正紅二種花細獨取其葉子著枝間經霜則悴子落自出亦不必分栽周子羽題雁來紅詩曰翔雁南來塞草秋未霜紅葉已先愁綠珠宴罷歸金谷七尺珊瑚夜不收說者以爲絕唱老少年葉可治鼻淵搗爛取汁滴入鼻中浣花雜志曰凡秋色其根最淺待苗長尺許即鋤土壅之雨過再壅土高至五六寸其本始固秋間風雨無傾倒之虞喜在肥地

雞冠花

雞冠花佛書名波羅奢花形高三五尺葉似莧而尖亦可食其花褊而舒長狀類雞冠有紫白淡紅三色亦有紅白相間者就中又有如纓絡者各種形狀不一浣花雜志云清明時下子撒過即用糞澆可免雀啄子細黑藏於花中瑣碎錄云種雞冠子立撒則株高坐撒則株低盛扇撒之則如團扇散髮撒之則成纓絡如欲變色各披半邊紉麻縛之然屢試不驗又有矮雞冠種自金陵來栽置階下若侏儒然一名壽星雞冠此花秋深與雁來紅十様錦爭奇競秀極爲圃中點綴唯白雞冠子主治婦人淋症最驗

觀音蓮

觀音蓮葉如芋高大倍之甚盛者不減芭蕉秋間開花白色止一大瓣如蓮蓮葉中花蘂頗類佛像故名或云孕婦不宜近近則墮胎治圃須知有佛龕花想即此矣

秋牡丹

秋牡丹草花嗅之微臭春分移植易於繁衍九月中先菊花開單葉紫色有類於菊其葉似牡丹故名

滴滴金

滴滴金一名滴露秋開花邵武府志云莖高可二三尺葉如柳附莖而生花如單葉菊而色黄其葉上露滴地卽生最易繁衍

金盞 卽常春花

金盞花如小盞與單葉水仙同故名金盞葉淺綠花紅黃色蓋草類也植闌檻間艷麗可愛八月中下種卽出臘月開花至春尤盛四時相繼不絕故又名常春花結子白色而彎長與諸卉絕異子落自出不必分栽其花有色無香嗅之殊惱人

虎耳 卽金絲荷葉

虎耳葉如錢而大叢生於石俗呼金絲荷葉蓋其葉類荷而有金絲繚繞故名三四月間開細白花小兒耳病研取汁滴少許入耳中卽愈一說潤州以北虎耳葉小而尖不如姑蘇以南之圓而肥名以虎耳蓋象形也澆花雜志曰春初栽金絲荷葉於花砌間陰處以糞坑瓦礫敲碎堆壅根邊初種時日用河水澆之待活方止性喜溼如乾久則槁

珊瑚

珊瑚葉如山茶而小夏開白花秋結紅實如珊瑚纍纍可愛宜在二月分栽三月亦可然苗長則難茂宜與一種葉大莖長名桃葉珊瑚疑卽此種久而長大耳别有一種雪裏珊瑚太倉志云雪裏珊瑚蔓生莖有毛秋結子經霜紅如珊瑚

金燈 忽地笑附

金燈獨莖直上末分數枝枝一花色正紅光焰如燈故名葉如韭而硬八九月忽抽莖開花花後乃發葉酉陽雜俎云金燈曰九形花葉不相見一名無義草合離根如芋魁有游子十二環之相須而生實不相連以氣相屬本草謂之山茨菰主癰瘇瘰癧結核等醋磨傅之亦除奸䵳閩人呼爲天蒜又名石蒜别有一種名忽地笑葉如萱深青色與金燈别其花淺黄似金萱而不香亦花葉不相見按楊君謙吳邑志云金燈不甚大色如黄金竊謂花以金名必是黄色而太倉志云金燈俗呼忽地笑乃知二種相類今總謂之金燈矣浣花雜志曰開花後其根卽爛俟其苗枯十月中移栽肥土性喜陰卽或樹下牆邊無露亦活

僧鞋菊 即西番蓮

僧鞋菊春初發苗如蒿艾長三四尺九月中開花碧色狀如僧鞋故名松江府志云西番蓮葉如菊花如寶相色淡青與諸花異人家間有之蓋指此也浣花雜志曰此花最易茂正月即發芽不耐栽移極喜肥地

汝南圃史卷之十

汝南圃史卷之十一目錄

芭蕉

金線草 即重陽柳

翠雲草

薜荔

藍

吉祥草

苔

萍

汝南圃史卷之十一目錄

汝南圃史卷之十一

吳郡周文華含章補次

竹木部

竹

竹幹淩青雲而直上枝葉瀟疎開色青翠風來有聲東坡居士曰可使食無肉不可居無竹無肉令人瘦無竹令人俗人瘦尚可肥士俗不可醫傍人笑此言似高還似癡若對此君

成大嚼世間那有楊州鶴竹譜所載竹類甚詳今止就吳地所種者而次之一曰毛竹遍身毛刺其本堅厚需用最多其葉大即青箬取作笠及舟蓋諸用筍冬初即生名潭筍味最鮮出荆溪苕溪剡溪一帶山中過玉山入江右東粵所産則味苦以石灰醃過方食其味失矣此竹非種山土不活一曰護基竹本高大而葉粗種易盛宜於園宅故名護基四

月生笋肥而甘一曰燕竹三月初燕來生笋故以燕名其本青細笋味鮮喜潮鹵地故嘉定上海獨盛一名貴竹五月生笋又名五月貴卽淡竹又名五月淡可劈篾又名篾竹亦易茂笋苦不可食一曰紫竹高可丈餘大僅手握相傳紹興中有商泛海阻風山下見一僧背後有竹斬之作杖隨刃有光倏忽卽是落伽山觀音座後旃檀林紫竹又名觀音竹

可作簫笛一曰斑竹博物志云洞庭之山帝二女揮涕於竹竹盡生斑又名斑皮竹長短大小不等可作扇邊又與紫竹並取充文房諸具之用一名金竹幹色純黃似金一名黃金間碧玉幹青黃色間節或一節半青半黃一曰方竹本方可徑寸而長似紫竹種出天台近有移至吳中亦活一曰慈竹述異記曰漢章帝三年子母竹笋生白虎殿前時謂之

孝竹群臣作孝行頌李太白姑孰十詠有慈姥行海錄曰紫雲蓋慈竹也其本叢生其色與形俱與他竹迥別冬夏俱出笋冬繞於母竹之外夏生於母竹之内人取其慈孝名義多植之種極易生一曰鳳尾竹高五六尺本細葉多形如鳳尾庭砌可種一曰水竹作盆中清玩喜瘦不喜肥宜澆水及冷茶委齋百卉志曰竹有雌雄雌者多笋凡物欲辨雌雄

當自根上第一枝觀之雙枝者爲雌獨枝者爲雄酉陽雜俎曰竹六十年易根則結實枯死沙門贊寧竹譜曰竹根曰鞭以鞭行時八月爲春二三月爲秋凡百穀皆以始生爲春成熟爲秋也種法須俟五月十三日岳州風土記謂之龍生日齊民要術謂之竹醉日又謂之竹迷日宋子京種竹詩除地墻陰植翠筠疎枝茂葉與時新賴逢醉日元無損致自

得全於酒人一云宜用辰日黃山谷詩根須辰日劚笋看上番成一云宜用臘月杜少陵詩東陵竹影薄臘月更宜栽一云宜每月本命日如正月一日二月二日之類然諺云種竹無時雨過便移多畱宿土記取南枝凡大暑大寒中必不能活宜忌之種須掘闊壍鋤治令熟以馬糞和泥填高尺許如無馬糞以礱糠代之候至雨霽劚取向南枝斬去竹梢舁以草繩移種東北角每數竿一叢以河泥壅之勿以足踏及用鋤築實如慮風搖須作架扶之蓋竹性向西南故須種東北諺云東家種竹西家治地是也若生竹米滿林輒枯法於初時擇一大竿截畱二三尺鑽通其節以犬糞實之或云如欲引竹於隔籬埋貍或死貓於墻下明年笋自迸出唯聚皁筴刺或芝蔴萁埋之土中可以障之每年冬初宜用

田泥壅根笋殼名花箬收取覆龍毛竹笋箬外毛內光亮質硬不卷與他笋箬異可作鞋底

松 松之所貴不在子故不入果部

松古人呼爲蒼顏叟記曰松栢爲百木長抱朴子曰松之三千歲者其皮中有聚脂狀如龍形名曰飛節芝異苑云漢末大亂宮人小黃門上樹避兵食松栢實遂不復饑身生毛長尺許魏武聞而收養之還食穀齒落頭白唐玄奘法師往西域手摩靈巖寺松曰吾西去求佛教汝可西長吾歸即東向使吾弟子輩

知之既去其枝年年西指一年忽東向弟子曰教主歸矣果還至今謂之摩頂松凡松之言兩粒五粒者粒當作鬣五鬣松皮不鱗又有七鬣者三鬣松俗謂之孔雀松玉策云千年松栢枝葉上杪望如偃蓋其中有物如青牛青羊採食其實得長生酉陽云欲松不長以石抵其直下根必千年方偃灌園史曰截去松中大根惟留四旁根鬚則無不偃蓋博物志曰松脂入地千歲爲茯苓茯苓千歲爲琥珀琥珀一名江珠今大山有茯苓而無琥珀益州永昌出琥珀而無茯苓本草經曰松脂一名松肪味苦溫出隴西如膠者善久服輕身延年本草曰松花名松黃廣志曰千歲老松子色黃白味似栗可食今松有三種一名劚牙松幹青而枝葉疎秀歲久未得高大種出杭州一名天目松出天目山幹短而枝

葉拳折有古意柴松隨地皆有數載便可參天小時不堪觀大則結頂成林覆陰尤妙劚牙松宜庭際天目松宜盆玩柴松宜山及墓上劚牙松食子味甘柴松取花和蜜作餅清香可口松葉隆冬不彫唯春秋二時生新葉脫舊葉生新皮脫舊皮長數尺雖微風亦有松濤種法於春分前浸子十日治畦下糞漫散畦內如種菜法或單排點種覆土二指許

搭棚蔽日旱則以水頻澆秋後去棚結籬障北面以禦風寒仍以麥糠覆樹令厚數寸穀雨前後去糠澆之三年之後帶土移栽須先掘一區以糞土塡合水調成稀泥栽植於內擁土令滿下水塌實勿以脚踏及用杵築次日開裂以脚躡合常澆令溼十月祛倒以土覆蔽勿使露樹至春去之若栽大樹亦於社前廣留根土剸去低枝用繩纏束勿使搖動

記其南北運至區處栽如前法天目松不用糞喜背陰處柴松飄子落處即出松秧尤宜山土剔牙松最忌傷本稍以指傷皮即松脂成漚如欲脩之即以火鐵燙止用糞泥密封方不泄氣柴松任意脩翦大則可充柴木之用

栢

栢一名著官爾雅曰栢掬也廣雅曰一名汁柏廣志曰有續栢有計栢崔寔月令曰七月收栢實列仙傳曰赤松子好食栢實齒落更生今栢有四種扁栢葉扁質黃一名黃栢檜栢葉尖質赤一名檜尖又名血栢側栢葉俱側如掌香味清涼摘可炮湯瓔珞栢枝葉如瓔珞側栢種貴唯園圃中植之檜栢體堅難長

亦難萎扁栢易長易萎山地丘隴並相宜瓔珞栢亦難長可植庭際俱無花有子色至冬天愈翠春分下子清明或秋後移栽大抵松栢時時可植止不宜於夏月極喜糞澆檜栢小時可翦縛作盆玩亦可就其軟枝紮屏關材大者伐解造樹卓甚佳較勝於黃栢

杉

杉幹直葉細易長二十年後便可參天其形古其色翠望之可愛江浙間最盛而徽州婺源者質最堅紋理堅粗又名徑木自棟梁以至器用小物無不畢需他木久生蟲蛀此則性乾燥千年不朽卽水浸雨淋亦比他木遲毀山中植者鬻價斬伐明年放火燒山驅牛耕轉則火灰壓下土氣漸肥然後揷種今吳中

專植杉於丘墓園圃中土山曲徑亦間植之法宜驚蟄前後斬取新枝鋤坑入枝下泥杵緊天陰卽揷遇雨尤妙大者伐取亦可充用但鬆嫩不如山中者堪施斧鋸

槐

槐葉細皮粗質鬆脆非貴種只取槐陰昔齊景公種槐令云犯槐者刑傷槐者死王祐嘗手植三槐於庭謂吾子必有興者生子王曾爲丞相六月開小花花形彎轉花謝收取煎汁染紙布色深黄可入藥結子至明年春盡方落自生小槐正二月移栽灌園史曰收熟槐子曬乾夏至前以水浸生芽和蔴子撒當年

卽與蔴齊刈蔴留槐別豎木以繩欄定來年復種蔴其上三年後移植則亭亭條直可愛別有盤槐膚理葉色俱與槐同而枝從頂生下垂盤結蒙密如罩性難長雖百年者高不盈丈餘植門牆外或廳署前齊整可觀不宜種於參差林木處

榆

榆有三種黃榆青榆野榆葉俱細密色綠覆陰諺云種榆柳者夏得其蔭野榆又有沙棉二種黃榆質堅潤可作器用青榆則性劣野沙榆亦可混入黃榆而野棉榆劣更甚今園圃門牆皆植黃榆青者間亦雜之野榆唯鄉村野畔最多非特栽者各種俱有子春分下子喜肥土頻澆糞兩三年便可移栽栽時截去

上枝用箬包裹下土踐實身縛荊棘以防人畜旋繞搖動或云春間收莢漫手撒之明年春初附地芟殺以爛草覆其上放火燒草數條俱生留一強者三年乃移不用剝沐野榆鳥啄子出糞背陰地即生

梧桐 梧桐不貴食子故不列果部

梧桐直幹葉稍似芙蓉而大爾雅注榮木梧桐也槖鄂皆五陶淵明詩冉冉榮木結根於茲是也或以為榮華失之矣禮記云季春之月桐始華周書曰清明之日桐始華桐若不花歲有大寒詩義疏曰有青桐赤桐白桐白桐宜琴瑟遁甲曰梧桐生十二葉一邊有六葉從下數一葉為一月至上十二葉有閏則十

三葉視葉小者則知閏何月也王逸曰松柏冬茂陰木也梧桐春榮陽木也風俗通曰梧桐生於嶧山之陽岩石之上採東南孫枝為琴聲極清麗孫枝枝之生於根者也唐王義方買宅既定見青桐二株曰此忘酬直或謂無別酬徊王曰此佳樹非他物比急召宅主付之錢三千蓋古人喜據梧而吟也然易栽植春間種子治畦下水即生稍長可移栽亦

在春時其根甚脆不得損折地喜實不喜浮
喜清不喜濁栽背陰處方盛三月盡四月初
發芽漸放葉成綠蓋五月始花即結子八月
方可擊下子去殼香而有味立秋之刻必脫
一葉以後漸脫至冬則一葉無存

楊柳

楊柳在在有之說文曰楊蒲柳也檉河柳也柳
小楊也通志云柳曰天棘大戴禮曰正月柳
稊稊發芽也崔寔月令曰三月三日及上除
採柳絮可以愈瘡張敞爲京兆尹時罷朝會
過走馬章臺街有柳終唐時號章臺柳南史
云劉悛之爲益州刺史獻蜀柳數株枝條拂
披裊如絲縷武帝以植太昌靈和殿前常咨
嗟歎曰此柳風流可愛似張緒當年隋書云
煬帝自板渚引河築道植以柳名曰隋堤一
千三百里毛詩疏義曰蒲柳之木二種一種
皮正青一種皮紅又曰杞柳也生水旁葉粗
而白木理微赤今人以爲轂古今注曰白楊
葉圓青楊葉長柳葉亦長細移楊圓葉弱蔕
微風則大搖一名高飛一名獨搖蒲柳生水
邊蔕似青楊亦曰蒲移亦曰移柳亦曰水楊

枝勁而韌可任大用又有赤楊霜降則葉赤材理亦赤也今村居野畔俱植白楊赤楊唯園圃中植青楊移楊及柳三種枝幹皆入畫景扦插須帶嫩條方活然十必死其二三白楊亦楊隨手攀折或老根着地即生發伐以爲薪有云順插爲楊倒插爲柳此諺語不可信法宜臘月扦插交春犯蛀扦時削尖大頭以利刀劈開其皮夾甘草一片入土亦不生

蟲扦喜實土浮則多凍死

椶櫚

椶櫚一名鬣葵又名蒲葵廣志曰椶一名幷櫚葉如車輪有皮纏之二旬一採轉復上生山海經曰硊之山其木多椶八月開黄花九十月結子墮地即生小樹或鳥雀食子出糞牆下亦生秋分移栽性喜鬆土先掘大穴純用狗糞鋪底種樹入穴再用肥土填滿初種月餘以河水間日一澆既活永不須澆灌剝椶

縳花枝絞細繩紮竹屏闌粗繩扛樹垜盆石雖經雨不朽爛園圃中最不可缺此近吳中又取色紫圓亮者結鞋著之甚雅且不染塵其樹本造戽水車轂最能堅久

椿

椿樹高聳而枝葉疎與樗不異香者曰椿臭者曰樗俗亦呼臭椿圃中沿牆宜多植椿春夏之交嫩葉初放即摘之焯熟點茶味絕香美或拌鹽鋪鐵篩內下燃炭火炙乾秋冬時取出以滾水充炮其味稍遜於鮮者却可致遠根旁出小樹春秋二分栽即活五月開花着子落地亦出

冬青

冬青枝幹疎勁葉綠而亮色狀皆如木樨隆冬不枯故名冬青圓徑排直號曰冬牆四五月開白花氣臭花含蘂必雨花脫則晴結子圓青可以釀酒墜地生小樹移植即長性賤除夏日隨時可移欲其盛以猪糞壅或以猪溺灌之雖至彫瘁亦轉青茂其木質甚細取以造梭又一種名細葉冬青枝葉細軟乘短小時種傍籬下密編以蔽籬眼堅久如壁

原缺

草部

菖蒲

菖蒲九節仙家所珍一名菖歜一名堯韭一名昌陽青葉長一二尺許其葉中心有脊狀如劒五月十二月採根今以端陽日收之其根盤曲有節狀如馬鞭大一根傍引三四根傍根節尤密初虛軟曝乾方堅實析之中心色微赤嚼之辛香少滓治風溼本草云一寸十

二節者又名烏韭抱朴子曰韓終服菖蒲十三年身有毛呂覽曰菖蒲草之先生者也冬至五旬七日菖始生故菖蒲又謂之蘭蓀援神契曰菖蒲益聰風俗通云菖蒲放花人食之可長年梁太祖張后見庭前菖蒲花光彩照灼問侍者俱不見后嘗聞之見者當富貴因取呑之是月產武帝蘇子瞻和子由菖蒲詩云無鼻何由識薝蔔有花今始信菖蒲今

人種此於池中端陽取根和雄黄入酒餘惟入藥别有細葉者用瓦屑栽盆盎中最爲清玩灌園史載蒲種有六曰金錢牛頂臺蒲劒脊虎鬚香苗長佩花史云蒲有四種福建蒲細長而直泉州蒲茂短而黑龍泉蒲盤繞而粗蘇州蒲壯長而密蓋蒲性見土則粗見石則細蘇人多植土中取其易茂今福建泉州不可多得法當於四月初旬不論粗細皆去

泥淨翦用堅石敲屑去粗頭淘去細垢密密種實深水蓄之不令見日半月後長成粗葉即便修去秋初再翦年月漸深根鬚盤錯無令塵垢相染日色相侵自然稠密細短九月移室中不可缺水十一月用缸密蓋地上仍以土封缸口二月初開置無風處性極畏春風清明後始可動移分翦若石上蒲尤宜洗根澆以雨水勿見風烟夜移就露日出即收

如悲葉黄壅以鼠糞蚯蚓糞用水灑之若欲其直以綿裹筯頭每朝捋之宜畜梅水漸添滋養如置几上須緊疎簾微襲日煖青翠易生尤堪清目最忌油汚及猫喫水犯之即爛死至根修翦於四月初八日尤妙俗云四月八日翦蒲髮然翦不如逐葉摘剔到根其苗自然細直

養蒲總訣

換水不換水凡嫌水宿以一淨器傾出原盆清水盡去濁水添加新水仍入原水方不洩元氣故曰換水不換水見天不見日見天使霑雨露見日恐壯而黄

宜翦不宜分翦頻則細而短分頻則粗而稀浸根不浸葉浸根則潤浸葉則腐

四時訣

春遲出春分出窖夏不惜可翦二次秋水深深水養之冬藏密十月後入窖

四宜

春初宜早除黃葉夏旦常宜滿灌漿秋季更宜霑雨露冬宜煖日避風霜

四畏

春來畏見摧花雨夏畏涼漿熱似湯秋畏水根生垢膩冬寒尤畏雪風霜

芭蕉

芭蕉漢書注一名芭苴廣志曰一名芭苴或云甘蕉莖如荷芋大如盂斗葉廣尺長丈許有角子兩兩相抱皮色黃白味似葡萄甜而脆其莖解散如絲績以爲葛謂之蕉葛雖脆而色黃白不如葛之赤色也出交趾建安南州異物志曰甘蕉草類望之如樹大者一圍花大如酒杯形色如芙蓉著莖杪根似芋大者如車轂凡三種一種子大如手拇指長而銳似羊角因名羊角蕉味最佳一種子大如雞卵似牛乳遂名牛乳蕉味微減一種大如藕長六七寸形正方最下也取葉以灰練之如絲可績梁沈約甘蕉詩曰抽葉固盈尺擢本信兼圍流甘掩椰實弱縷冠絺衣唐僧懷素善書貧無紙嘗於故里種芭蕉以供揮灑本茂生花花實即成甘露丘文莊公群書抄方

載中蠱毒用白蘘荷柳子厚在柳州種之蓋亦不知爲何物也按松江志曰白蘘荷即今甘露考之本草其形性正同或因袁安臥雪圖有雪中芭蕉遂謂蕉能踰寒而不知實畏寒將至霜降即用稻草密裹不致凍萎來年方能長茂栽宜向陰避風處不喜糞性愛煖故於兩廣山中獨盛遍地芭蕉皆生甘露民間取以和飯以喂小孩取其甘甜也

金線草

金線草俗名重陽柳草類莖紅葉圓其長不盈尺重陽時吐枝生紅花附其枝上花甚細雁山志云金線草一名蟬殼草葉圓如蟬殼蔓生節間有紅線長尺許或生巖石上與井池邊性亦寒凉治湯火瘡最効

翠雲草

翠雲草以其葉青翠似雲故名止可供玩而無香非芸草也太倉志云翠雲草生陰溼處滿砌如連錢青翠可愛即此種法用舊草鞋浸糞坑透溼撈起曬乾再浸再曬凡數次將石壓平安放草側待其蔓上生根移栽別處方盛丹方取其汁治五疸極効將水洗淨搗爛絞汁每日用滾酒充下

薜荔

楚辭披薜荔兮帶女蘿注薜荔無根緣物而生本草云在石曰石鱗在地曰地錦繞叢木曰長春藤又曰扶芳藤又曰龍鱗薜荔即今所謂巴山虎是也冬間種牆邊攀援而上兩三年大盛覆陰如傘蓋夏月毒蛇多宿叢處在樹者傷樹樹不能長其藤則漸大

蒀

蒀即千年蒀葉闊叢生深綠色冬夏不枯又名萬年青吳中家家植之以盛衰占興敗有造房治壙諸吉事連根葉取置頂上以爲祥瑞結姻聘幣剪綫絹肖千年蒀與吉祥草及葱松四形並供盆中大小不一種法宜於春秋二分時分種瓦盆置背陰處四月十四俗言神仙生日删剪舊葉拋棄通衢令人踐踏則

新葉發茂盛則再分喜加肥土澆用冷茶

吉祥草

吉祥草似萱而小四時蒼翠不凋九月開小花內白外紫如瑞香邵武志云吉祥草生泉石中馮志謂葉如鹿葱而小然此草微有莖葉皆附莖而生非如鹿葱葉出於地也考本草亦有此名謂其味甘温無毒主明目強記補心力生西國胡人移來第未知即是此否西湖遊覽志云吉祥草蒼翠如建蘭而無花不

藉土自活涉冬不枯性極喜溼令人多植瓷盎置几案間日無缺水則葉茂色益鮮栽不擇時若亂植土中不見其趣王元章詩云得名良不惡瀟灑在山房生意無休息存心固久長風霜徒自老蜂蝶爲誰忙歲晚何人問山空莫雨荒

苔

苔生陰溼處爾雅曰藫石衣也說文曰苔水衣也古今注曰苔或紫或青一名圓蘚一名綠錢一名綠蘚風土記曰石髮水衣也青綠色皆生於石述異記曰苔錢亦謂之澤葵又名連錢草南人呼爲姤草本草云一名昔邪一名烏韭一名天韭一名垣嬴一名鼠韭在屋曰屋游瓦苔在地上謂之地衣在墻垣謂之

垣衣晉武帝時祖梨園叙蔓苔亦曰金苔又曰夜明苔拾遺記云晉梁國獻金苔色如金若螢火聚投水中蔓延波上其光射目如火乃於宮中穿地百步以聚苔或貯漆碗中照耀滿室著衣則如火光名曰夜明苔宮人有幸者以金苔賜之今園圃中花臺石砌及盆盎竝喜綠苔點綴或春時從他處移栽或用米泔水澆則盛梅杏諸樹生苔斑有古趣

萍

萍一名水華一名水簾生雷澤爾雅曰苹萍也無根浮水而生其大者曰蘋本草曰味辛寒治暴熱身癢下水氣勝酒烏鬚髮久服輕身紫背者能治瘋春末夏初池澤中受雨水即生瑣碎錄云柳絮落水經宿爲浮萍隨風移動色綠亦綴園林之景交冬自渊如養魚則始生即食盡無遺也

汝南圃史卷之十一

汝南圃史卷之十二目録

蔬菜部

瓜豆部 豆類甚多入五穀者不列

汝南圃史卷之十二目錄

汝南圃史卷之十二

吳郡周文華含章補次

蔬菜部

枸杞

枸杞爾雅曰杞枸檵陸璣疏云一名苦杞春作羹茹微苦莖似莓子秋熟正赤服之可輕身益氣本草云一名根杞一名枸忌一名地輔一名羊乳一名却暑一名仙人杖一名西王母杖味苦寒根大寒子微寒無毒無刺者是其莖葉補氣益精除風明目堅筋骨補勞傷強陰道久食令人長壽根名地骨寇宗奭曰枸杞當用梗皮地骨當用根皮子當用紅實諺云去家千里莫食枸杞言其補益強盛無所爲也和羊肉作羹和粳米煮粥入葱豉五味補虛勞尤勝南丘多枸杞村人食之多壽潤州大井有老枸杞樹井水益人名著天下

共性與乳酪相反凡山中皆有之老本虬曲可愛結子紅甚點點若綴其葉初萌取炙點茶甚美吳中好事者植盆中爲几案供玩

甘菊　雖有色香不足供玩故不入菊類

甘菊莖紫氣香味甘委齋百卉志云可作羹春月採之亦有花重陽時採以泛酒陸龜蒙採杞菊春苗以供左右杯案因作杞菊賦冬月鋤地成隴以濃糞澆之次年穀雨前後分秧栽時摘去長根種不宜密用河水澆活至黃梅內和糞再澆三四次方茂立夏至芒種一月內亦防菊虎爲害深秋摘花去心蒂以熟鹽和之再入橙瓤或香橼瓤甘草屑共作湯用沸水充啖極清香解酒或止將花瓣曬乾泡湯飲亦可或摘菊頭和糖露作餅最有香韻

五加皮

五加皮蜀中名白刺顛陶隱居云釀酒主益人又異名曰金鹽王屋山人曰何以得常久何以食著金鹽母又曰寧得一把五加不用金玉滿車譙周異物志曰文章作酒能㡳其味以金買草不言其貴文章草卽五加皮也本草曰五加五車之星精也性喜肥春分移栽秋分後扦亦活今吳中園圃丘墓籬落竝植之清明時葉方茅未放摘之鹽淳熏乾翠色欲滴釀酒香冽

椒

春秋運斗樞曰玉衡星散爲椒爾雅曰檓大椒朹本草曰椒味辛熱有毒主心腹冷氣除齒痛壯陽療陰汗縮小便開胸理通血脉潤髮明目殺鬼疰蠱毒及魚蛇毒久服輕身延年又能敵穢凡感楊梅瘡毒者食之俱能消解烹鮮入調和能殺腥氣性與鰻鱺相反多食令人乏氣十月勿食赤色者佳閉口者殺人喜栽陰處宜壅河泥若糞澆則葉焦死四月開小花五六月摘青椒入鹽梅及醬瓜内最有風味

萵苣

苣數種有苦苣有白苣紫苣皆可食苦苣野苣也又名褊苣白苣葉有白毛嶺南有之吳地無此唯植野苣以供厨饌所謂萵苣也本草曰味苦冷微毒補筋骨利五臟開胷膈壅氣通經脉止脾氣令人齒白聰明少睡産後不可食令人寒中小腹作痛六月收子八月下種十月分栽冬間以濃糞澆七八次培壅二

三次三月起土削皮和鹽入甕器切片點茶或入醬作蔬或同雞肉煮作羹皆有鮮味

茭白

茭白一名雕胡古人有作雕胡飯者本草云味甘冷去煩熱又云主五臟邪氣腸胃痼熱心胸浮熱止消渴利小便多食令人下焦冷發冷氣傷陽道不可同蜜食清明前分秧每科四五根插蒔水田内或池澤邊不用澆灌逐年移之心不黑若犯鐵器則變爲野四五月取葉裹角黍五六月茭白甚盛取以和羹可

生啖唯糟食醋食味佳

茄

茄一名落蘇凡三色或青或紫或白紫爲上青次之白爲下又有兩形或尖長如牛角或渾圓如小瓜尖長者鬆嫩渾圓者老而多子早者四五月生花即結實晚者六月始生九月尚盛莖高二三尺隋煬帝名茄子爲崑崙紫瓜昔蔡遵爲吳興郡守齋前種白莧紫茄以爲常饍種法九月間劈子淘淨曝乾藏之至

春布種以糞水頻澆常令潤澤生葉有發每晨去之合泥移栽但性畏日炙須有雨時或夜間栽之栽宜稀密得匀太密難長太稀則日曬土熱易萎夏天日日澆水地宜肥瘠則少結一云種時初見根處擗開掐硫黃一錢以泥培之結子倍多其大如盞味甘而能益人或俟花開時取葉布過路以灰圍之結子加倍謂之嫁茄或於晦日種莧其傍同澆灌之茄莧俱茂作鲞或燒煮充素饌或醃或醋或醬或糟或取小者浸芥辣食俱佳而糟辣二種尤善唯吾蘇各邑得此法糟辣並宜晚茄有剝取茄蒂風乾歲朝和菜花乾食名安樂菜

蘿蔔 胡蘿蔔附

蘿蔔一名土酥委齋百卉志曰其葉謂之蒸菁又名蔓菁形似菘可生食味微辛劉夢得曰三蜀之人呼蔓菁爲諸葛菜王爽善管度子弟不許仕宦每年止令種火田玉乳蘿蔔壺城馬面菘可致千緡東坡詩中有蘆菔根尚含曉露清蘿白蔓菁實有二種種宜春食於夏其莖紅者爲蘿白種宜秋食於冬其莖白者爲蔓青本草曰蘿白味辛甘溫無毒煮食下氣消穀去痰癖止咳嗽制麵毒擣汁服主消渴治肺痿能止血消血與地黃何首烏同食令人髮白子名萊菔治喘嗽下氣消食以衛牆壁蔓青味溫無毒主利五臟輕身益氣子能明目每子一升可種廿畦先用熟糞匀布畦内仍用生糞和子撒種以疎爲良密則芟之帶露勿鋤耙則生蟲或云以宣州大梨

剜去其核留頂作蓋如甕子狀納蘿蔔子以頂蓋之埋於地中候梨乾或爛取出分種則實如梨圓且有梨味矣起土洗淨以刀四破之或鹽或醋或糟或用鹽汁浸蒸曬作乾俱可啖或酒煮作饌或肉和作羹並亦相宜別有一種紅皮鮮如血染毘陵間有之京口以上則遍地矣蘇松嘉湖間絶無人偶攜歸以水瀹之爲玩

胡蘿蔔形如錘柄有二種一種出江南正黃色上下相等長可八九寸一種出江北赭黃色上細下粗長僅四五寸味甜本草曰味甘平無毒主氣利腸胃種宜潮沙地六月下子七月分栽七月下子八月分栽喜糞磽九十月起土和羹或切段或界絲並曬乾或長條線穿挂簷下風乾食有風味

芋

芋名土芝一名蹲鴟芋數種叢生有水芋有旱芋大者爲魁小者爲子荒年可以度饑本草曰芋味辛平有毒主寬腸充肌膚滑口久食令人　勞無力冬月食之不發病紫芋毒少青芋毒多野芋殺人廣志曰君子芋大如斗魁青邊芋淡善芋大如瓶少子葉如繖蓋紺色紫莖孝經援神契曰仲冬昴星中收莒芋

米均曰莒亦芋風土記曰博士芋蔓生根如鵞鴨卵莊子徂公賦芧杜詩園收芋栗芋栗果木也誤以爲芋非唯相傳昔人有擁爐煨芋詩深夜一爐火渾家團圞坐煨得芋頭熟天子不如我則此品可當南面王樂豈獨禦窮哉有老僧築芋爲塹以度凶歲人多賴之種法先擇善種於南簷掘坑以礱糠鋪底將種放下用稻草蓋之至三月間取埋肥地苗

發數葉移栽近水處區行欲寬寬則過風芋本欲深深則根大壅以河泥或用灰糞霜降捩葉使液歸根吳中所種最大無過茶甌粵東西則有大至十斤者切片火炙亦佳小芋叢生大芋身俗呼芋奶和雞肉煮及烹素饌皆堪啖

山藥 香蕷落花生附

山藥一名藷貟瞔雜録曰山藥本名著蕷唐代宗諱豫改名薯藥宋英宗諱曙遂名山藥本草云一名山芋秦楚名玉延鄭越名土藷一名脩脆一名兒草異苑云掘取山藥默然則獲唱名便不可得植之者隨所種之物而象之兩廣山中最多有重至二三十斤一條者種法先將肥地鋤鬆作坑揀取美種竹刀切段約二寸許臥排種之覆土五寸許旱則以水澆之如欲壅培勿犯人糞須以牛糞及用麻枯既生苗蔓以竹扶之或云霜降收子種之亦得若以足踏根亦如之古稱最大者曰天公掌次者曰拙骨羊今吳中所稱賞遠曰濟寧近曰嘉定嘉定雖小於濟寧而味更甘香他土種者皆不如也

香蕷味淡甘大者如雞卵小者如彈丸種法於二月用極鬆地握土成溝入種用雞糞灰窖蓋夏則發藤以竹引之十月起土煮數滾食士庶家俱用點茶

落花生藤蔓莖葉似扁豆開花落地一花就地結一果其形與香蕷相似亦二月內種喜鬆土用隔年肥灰壅宜栽背陰處秋盡冬初取之煮食味甚甘美人所珍貴若未經霜則味苦難入口與香蕷山藥俱出嘉定瀕海之地者佳

紫蘇 白蘇附

紫蘇莖葉俱紫嗅之有香本草云味辛甘溫無毒解蟹毒主下氣除寒中解肌毒發表治心腹脹滿開胃下食止脚氣通大小腸煮汁飲之二月下子四月分秧初種先澆河水俟活澆糞水不可用濃糞十月收子伏天摘其莖葉入梅醬頃刻紅如染血撈出曬乾拌糖名梅蘇凡糖醋蜜梅及瓜薑諸蔬品竝需之十月收子

白蘇莖葉俱淡綠色種法與紫者同其性喜糞須頻澆只收子味淡而鬆脆作糖纏食佳別有野蘇斫取煎湯盥浴亦有香氣子細而黑不可食亦無用

薄苛

薄苛一名薄荷本草曰味辛苦氣凉性溫無毒主傷頭腦風發汗通利關節及小兒風涎驚風壯熱乃上行之藥病新瘥人食之令虛汗不止猫食之即醉出吾郡學宮前城中有臥龍街而郡學爲龍首故又名爲龍腦其香味較他處產者果勝法宜於清明內取舊根發芽者不甚喜肥止用清糞澆三四次小暑後斫青頭亦可泡湯曬乾尤妙或作糖纏或入糖蜜脆梅或澆糖成片名薄苛糖皆能佐酒

薑

薑苗高三尺葉似箭竹葉而長兩兩相對苗青根黃而無花實論語註曰通神明去穢惡晏亨復曰薑桂之性到老愈辣本草曰生薑味辛甘氣微溫去皮則熱留皮則溫主傷寒頭痛鼻塞咳逆上氣止嘔吐入肺開胃益脾散風治痰嗽無病人夜不宜食蓋夜氣宜靜而薑能動氣故耳乾薑味辛溫熱無毒主胸膈欬逆止腹痛霍亂脹滿溫中種法宜於三月耕熟肥地作畦種之壟闊三尺以便澆灌培以蠶沙或將灰糞壅之待芽發揠去老根上作矮棚以防日曝秋社採之遲則漸老成絲矣小雪前後將種曬乾掘窖藏之裹以糠粃免致凍損來春種之其利益倍諺云養羊種薑子利相當早採剝白醋食極鮮或醬食可接新老薑和羹能解腥氣

韭 薤附

韭叢生葉細而長近根處白周禮醢人其實韭菹爾雅山韭茖曲禮韭曰豐本委齋百卉志曰韭是菜鍾乳昔南史周顒清貧終日長蔬王儉謂顒曰卿山中何所食答曰赤米白鹽綠葵紫蓼文惠太子問顒菜中何味最勝曰春初早韭秋末晚菘本草曰韭味辛微酸氣溫性急無毒不可與蜜同食歸心安五臟除胃熱下氣補虛充肝利病人宜常食冬月用根研汁飲之下膈間瘀血小兒初生灌之即吐惡血一生少病未出土時爲韭黃食之滯氣今烹飪中多用之種法有用韭子於二七月間先鋤肥地成壟其土須極細以碗合地上作範布子範中用草把蓋將水澆溼上覆乾灰不可渴水候出爲度有種根宜於八月種後須用河泥壅四圍冬間土凍培之尤妙

正月上辛埽去陳葉以耙耬起下水加糞高至三尺然後翦之至冬移根藏地窖中培以馬糞氣煖即長其葉黃嫩謂之韭黃又名凍韭又名韭芽唯崑山圓明者味絕勝價亦貴百里外便艱得覗爲奇品和醬與生肉用麪作皮熯熟名韭餅味極可口

薤似韭本草曰味辛苦氣溫無毒主金瘡瘡敗諸瘡中風寒水腫生擣熟塗之與蜜同擣塗湯火瘡甚効歸心去水氣利病人止久痢冷瀉齊田横門人爲薤露之歌曰薤上露何晞明朝還復落種法與韭同二三月種每尺一本葉生則鋤

蔥

蔥凡四種山蔥胡蔥入藥東蔥漢蔥可食似蒜能消五穀本草曰味辛溫無毒主傷寒寒熱頭痛如破發汗中風面目浮腫喉痺不通安胎利五臟歸目除肝通利大小腸多食昏人神忌與蜂蜜同食能和羹又名和事草種不拘時先去冗鬚密排種之雞糞培壅或以子種來春移栽

蒜

蒜即大蒜因別有一種小蒜故以名別之五代宮中呼爲麝香草花中水僊酷似其形六朝人亦號水僊爲雅蒜本草曰味辛溫屬火有毒主散癰腫䘌瘡除風邪毒健胃善化肉破冷氣爛痃癖辟瘴氣蠱毒蛇蟲溪毒治中暑霍亂轉筋腹痛溫水送之鼻衄不止搗塗脚心止即拭去獨子者佳八月初鋤地成隴逐

瓣分排懸二三寸一科糞水澆之葉嫩長摘以烹腐或和羹俱佳摘去復生三月發苗採可和肉或醃食亦爽口氣臭惟蒸熟作乾則臭去味甘四月起根五月五日以醋浸之經年食乃佳或搗汁入醋澆石首魚或打蒜醋入鹽菜名蒜菜味俱辛烈

菜

菜四時皆有種類特異總謂之蔬有疏通之義焉食之則腸胃宜暢而無壅滯之患春曰春菜又名白菜本草曰味甘溫無毒主通利腸胃除胸煩解酒毒八月下子十月分種二三月起食夏曰菘菜本草曰性味與白菜略同然多食小冷二月下子三月分種四五月起食秋曰葵菜又名秋菜王摩詰詩東園露葵

朝折灌園史曰葵能衛足爲百菜長又云凡掐必須露解諺曰觸葵不掐葵日中不剪韭是也本草曰味甘寒無毒治五臟六腑寒熱羸瘦五癃利小便療婦人乳難四月下子五月分種七八月起食種於秋起於冬則爲冬葵早冬者家家戶戶醃藏過冬曰藏菜此有有二種一名箭榦菜榦長渾而白葉少一名梵菜相傳種出天竺國故以梵名榦扁短而

青葉多食有香味較勝箭榦性各不同箭榦宜燥土梵菜宜潮地二種俱七月下子八月分栽冬前起醃方佳若經霜則皮脫鹽菜宜先曬半日洗淨入鹽箭榦鹽多梵菜鹽少醃過即以石壓缸內冬至煎汁上罈曉冬者曰蹋菜愈經霜雪其味愈甘止宜烹饌九月下子十月分栽春盡收子榨油以供一歲烹飪燃燈之用者曰油菜九月下子十月分栽春

初發菜心即生花未花時摘心以和羹或醃或糟俱甘鮮心可摘一二次復生長二月開黃花如鋪錦騷人韻士都攜酒賞之有摘花焯熟曬乾夏間作素饌或拌醬炙肉尤妙栽法畦種爲上先將熟糞和土寸許耙耬令熟用水澆潤然後下子以足蹋之復覆糞土深如其下既生三葉晨夕澆之時時不可缺糞

芥

芥多種有青芥黃芥紫芥白芥白芥似菘有毛味劣左傳季氏介其雞謂搗芥子播其羽也本草云味辛溫無毒歸鼻主除腎邪氣利九竅明耳目安中久食溫中多食動氣生食發丹石子治風腫毒及麻痹醋研傅之撲損瘀血腰痛腎冷和生薑研微煖塗貼心痛酒醋服北方種者其根大如蔔味佳南方即傳其

種於土不相宜比之南種僅能稍勝八九月下子九十月栽種喜濃糞頻澆冬盡宜削草培根春間取其心作葅或取全本入鹽壓乾其色碧翠或再和茴香椒末蘿蔔片名蓓蓊菜俱有風味其子以水浸片時用悶醋同置石盆內久研成漿絞出名芥辣澆雞鵞及綫粉切麪素饌內啖之胸口俱爽子須隔年者佳或用磨擂或不入醋不絞查竝不得法藏

貯莧瓶可越數日用韭菜塞口不致出氣變味

莧 馬齒莧附

莧有數種赤莧白莧紫莧紅莧又有人莧糠莧鼠莧惟人白二種入藥餘皆作蔬茹本草曰味甘寒無毒通九竅殺蚘蟲益氣輕身利大小便多食動風令人煩悶冷中損孕墮胎不可與鼈同食以其葉裹鼈甲屑置土中悉化成鼈八月收子二月初旬下種先鋤地成壟將子拌細泥同撒用濃糞蓋之稍長摘嫩葉

煑食老則無味

馬齒莧一名五行草以其葉青莖赤根白花黃子黑而得名也其葉似豆瓣故吳俗又呼爲醬瓣草本草云味酸寒性滑節葉間有水銀服之長年頭髮不白主目盲白翳利大小便止渴殺蟲去寒熱破癥結塗白禿野生春時自發遍地有之不需人力播種

菠薐菜

菠薐外國種莖微紫葉圓而長綠色本草曰性冷微毒利五臟通腸胃解酒毒北人多食肉麪食此則平南人多食魚鼈水米食此則冷不可多食冷大小腸發腰痛令人脚弱不能行服丹石人食之佳劉禹錫佳話錄云此菜來自西域頗稜國誤呼菠薐藝苑雌黄亦云灌園史曰鍾謨所嗜名雨花菜四月收子八

月下種喜肥細土栽宜高阜處和腐糞尤香

芹

芹一名水英委齋百舟志曰芹楚葵也字亦作蘄生水中有二種荻芹取根白色赤芹取莖葉堪作菹嵇叔夜曰野人有快曝背而美芹子者欲獻之至尊雖有區區之意亦已踈矣本草曰味甘平寒無毒主女子赤沃止血養精保血脉益氣令人肥健嗜食治煩渴今大江灘蘆葦内雜出有長至五六尺者南京城

外往往栽之水田園圃惟置根種於池澤性愛肥土不可缺水清明前發苗摘取入鹽點醋食佳

瓜豆部

王瓜

王瓜蔓生形長而圓禮記曰孟夏之月王瓜生今有青白二種白者曰旱王瓜四月即結青者曰晚王瓜五六月結俱宜嫩摘老則色黃故又名黃瓜本草曰味苦氣寒無毒主消渴內痹瘀血月閉寒熱酸疼益氣愈聾療諸邪氣熱結鼠瘻散癰腫留血止小便數遺不禁

種法宜於臘月鋤土極細成隴春分內作溝以瓜子勻排用柴灰密蓋再用稻草横鋪將河水遍灑滲透爲度每晨又灑候出方止即澆糞水未出不可經糞瓜味淡而脆生切片點薑醋或拌肉食糟醬皆可

生瓜

生瓜亦蔓生形似王瓜稍長大亦有青白二種白者色類扁蒲青者色類田雞又名田雞瓜六月採取種法亦與王瓜同半破鹽浸入醬爲醬瓜可作齏或鹽浸曬乾爲白瓜點醋食或生切片曬乾浸薑醋或拌糖醋俱堪啖

甜瓜

甜瓜亦蔓生形圓扁六稜皮有青白二種味甘青者較勝中有汁浸子飲汁更甘本草曰味甘寒有毒止渴除煩多食令人虛下部陰痒生瘡動宿冷發虛熱破腹崑山圓明村出者爲最候其在蔓上熟者味鮮美今圃人懼偷兒多預採以草盦熟則味失矣種法與王瓜同小暑後方熟生時採之亦與生瓜同用肉

稍厚或鏤空入生瓜片青椒薑絲砂仁掩蓋投醬內名八寶瓜味佳別有一種名蒜同瓜形圓可三寸而長六七寸色青綠有稜其肉不似甜瓜之酥而味清香爲絕勝惟圓明出他土栽之不生又有一種名金鵞蛋狀類鵞卵而色純黃亦有稜其味與甜瓜同

絲瓜

絲瓜一名天羅絮一名布瓜花黃結瓜深綠色有紋而長有長至二三尺者本草曰性冷解毒痘瘡及脚癰燒灰傅之粥鍋內煑熟同薑醋食佳或同雞鴨猪肉炒食枯者去皮及子用瓢滌器性賤易生不擇土二月中下子卽出亦搭架引藤藤上架方用糞水澆四五月至七八月尚生結霜降後收子和羹亦香灌

圃史曰種後劈開近根嵌銀硃少許以泥培之瓜瓢紅鮮可愛

冬瓜 南瓜北瓜附

冬瓜皮上有霜有大三尺圍長四五尺者本草曰味甘溫無毒治小腹水脹止渴除煩消胸滿解魚毒性走而急欲輕健則食之欲肥胖則勿食二月下子即出頻澆糞一生花則不可再澆澆則所生瓜皆爛五六月最盛切片和羹可啖唯入鰻鱺味更相宜

南瓜紅皮如丹楓色北瓜青皮如碧苔色形皆

圓稍扁有稜如甜瓜狀種法與冬瓜同時其藤喜緣屋上或一科而生百枚則其家主大禍故人種之者少味亦庸劣多食發瘖疾食物本草亦不載

瓠 扁蒲附

瓠即葫蘆詩經曰幡幡瓠葉采之烹之月令仲冬行秋令則瓜瓠不成莊子魏王遺我大瓠之種註言護落無所不容也昔齊惠王有五石之瓠卞彬好飲酒以壺瓠杭皮爲殼委齋百卉志曰匏亦瓜也一曰匏蔓葉大盈尺實青白色大尺圍長二尺許有毛本草云瓠味苦寒有毒主面目四肢浮腫下水多食令人

吐葫蘆味甘平無毒主消水腫益氣則瓠與葫蘆實有別今吳中皆呼爲葫蘆唯圓扁如石鼓者名盒盤葫蘆上細下墜者名長柄葫蘆上尖中細下圓如兩截者名摘頸葫蘆又名藥葫蘆各種俱大小不一種法掘坑深五尺許以麻油及爛草糞塡底令各一重檢子十顆種着糞上待至蔓長作架引之揀取強者兩莖相貼用蔴纏合各除一頭莖既相着

如前再貼如是數次併爲一稞結子之後復揀留一大者別有界瓢法研碎芥辣以筆畫之其處不長儼如刻成此細頸者用之欲令柄曲切開藤根嵌巴豆肉一粒在内兩三日後其葉盡癟瓢亦柔軟隨意挽結作巧以線縛定取出巴豆隨卽甦活遂成結瓢此長柄者用之或將瓢子種傍雞冠兩邊去皮合繫一塊待長切斷瓢根令托雞冠結瓢紅色謂

之仙瓢圓扁者嫩可作羹或刻取其絲隨圓旋轉相續不斷曬乾和雞肉煑更有風味摘頸者不可食

扁蒲亦青白色質似葫蘆上帶尖小以下漸大形多彎者秋初收子冬盡鋤地澆糞二月再鋤打潭下種每潭入子二三粒卽蓋薄土以防雨淋四月採作羹味不甚美

蠶豆 豌豆附

蠶豆殼似蠶故名子青白色早者清明開花立夏子綻晩者穀雨開花芒種子綻種出雲南傳來者子扁厚如手大指味甘小者比黃豆稍細味亦淡本草曰味溫氣微辛主快胃利五臟種法宜於八月終鋤地九月初打潭下子十二月土凍用乾草薄蓋立春撤去將稞旁土鋤鬆苗自長大不須澆灌採豆後拔莖

拌河泥最肥麥地高田俱可種青時採剝淖熟食甚佳然須圃内生者爲鮮街頭市賣則經日越宿食無味候枯收子曬乾炒食亦香高阜處多枯採以斗石易價卽作豆種

豌豆莢酷似決明而子圓如菉豆以小兒喜啖又名孩豆吳俗又呼蠶豆爲大豌豌豆爲小豌本草云味甘平無毒主調順榮衛和中益氣種法同蠶豆採食亦同時煑湯甘鮮香美

毛豆

黄豆紫羅豆黑豆茶豆赤豆俱穀類圃中難植故不入史

毛豆殼子俱青殼有毛又名青豆本草曰味甘平無毒主殺鬼氣止痛逐水除胃中熱下瘀血解藥毒生食令人吐嘔其種早晩不同自四月至八月相續不絕唯以子大而甘爲佳種二月至四月皆可鋤地下子不澆灌自生長但種豆則地瘦栽他物不茂青採和莢及入水燒熟去殼啖味俱甘鮮或剝子加鹽水淖滾撈起鋪鐵篩內下燃炭火炙乾名青豆點茶或入果盒俱佳秋枯收子作種

豇豆

豇豆細長如裙帶又名裙帶豆莢色有青赤二種帶莢食種與扁豆同時而生豆則早於扁豆蔓不甚長以籬竹三莖搭架引上即生喜地鬆頻澆糞採淖點薑醋或油拌或和雞肉羹俱佳秋枯收種青莢者子黑赤莢者子紅亦有黑者貴爛可作豆砂爲籠炊餡有和白米烝飯亦香可食

刀豆

刀豆莢扁長似刀青色子扁細凡豆俱食子唯
豇豆與刀豆連莢食而刀豆味全在莢種子
引蔓生採俱與豇豆同時同法摘取醬食味
味佳本草不載或有用以和糞不如醬者

扁豆

扁豆蔓生一名沿籬豆又名羊眼豆莢形扁而
色青子有白紫二種早者六月開花結豆晚
者七月方生白花白豆紫花紫豆白者呼爲
白扁豆其質味香嫩勝於紫豆本草曰味甘
微溫無毒主和中下氣治霍亂吐痢不止殺
一切草木及酒毒花主女子赤白帶下乾末
米飲和服之葉主霍亂吐痢不止別有一種
五六莢聚生狀如龍爪名龍爪豆殼色淡白
子則無異清明內鋤地下子出長三四寸即
以竹引蔓再長用竹木搭架透風處多生自
出後至結子無時可缺糞如天暑久旱宜先
澆水溼地然後澆糞有黃葉翦之摘豆煮湯
湯與豆味皆香美此夏秋圃中第一品也蒸
食雖無湯豆味尤佳剝豆薰乾或俟深秋枯
採炒食或收貯至冬春先以滾水炮去子入

糖霜水煮熟點茶俱極可口

北墅抱甕錄

（清）高士奇　撰

《北墅抱甕錄》，（清）高士奇撰。高士奇（一六四五—一七〇三），字澹人，號江村、瓶廬，又號竹窗，浙江省杭州府錢塘縣（今杭州）人，累遷至禮部侍郎。學識淵博，撰有《清吟堂集》《江村消夏錄》《北墅抱甕錄》等，卒謚文恪。《清史稿》有傳。

高氏歸里以後，修繕了其住所『北墅』，期間親自參與了薙荒刪穢、修植竹樹、分畦種菜等生產活動，並將其實踐經驗進行總結，就墅中所種植的花、竹、草、木、果、蔬、藥、蔓等植物的形色、品種、性狀等作逐一描述，於清康熙二十九年（一六九〇）撰成此書。《四庫全書總目》『譜錄類』存目。

全書共一卷，詳細載錄了高氏親自所種的植物二百二十二種，其中所涉及的品種多繼承了王象晉《群芳譜》的內容。該書以條目的形式對每種植物作逐個描述，大體上以水果、花卉、藤蔓植物、樹竹、蔬菜爲序，進行簡要分類，但是並不嚴格。高氏對植物的記述主要是憑藉細微的觀察與親身的感受，重於描述植物的生長性狀、植物學特性以及在園林中的搭配種植；偶爾引文獻，考證名物，敘錄詳備。全書的內容側重園藝景觀設計與欣賞，也包含了相關植物的繁殖、栽種、加工與利用技術介紹。書中對一些植物特殊用途的載錄頗有趣味，例如介紹了玫瑰、紫藤、牽牛、美人蕉、車前、薄荷、榆錢、松花、松子、棕筍等的食用價值與方法，合歡、決明釀酒技術，魚子蘭香茶製作工藝，草茉莉治療面斑的配方等。

該書有康熙年間刻本、《昭代叢書》本、《學海類編》本等，也收入在《高文恪公四部稿》中。今據國家圖書館藏清康熙間刻本影印。

（熊帝兵　惠富平）

東坡云士大夫逢時遇合踐步至公卿非難而歸田爲難此雖有激之言至謂歷官釋肩而去如大熱遠行雖未到家得清凉館舍解衣漱濯已足樂矣此非親履其境意適於中者不能道歐陽公之切於釋位歸田也至欲以得罪去其言發於至性如飢者之不忘食益知士非求進之難而乞身之難也余以陋劣謬直　禁幄十有三年夙夜惴惴惟負職是慮顧　君恩深重未敢言歸每作草堂諸圖以自况已巳冬仰

託　聖恩放歸田里急就北墅薙荒刪穢修植竹樹分畦種菜手自灌溉雖禮有微勞而心無驚怖合之東坡大熱遠行初得解衣漱濯之語殊是有味益信歐陽之欲以得罪而去之非藉口也因疏墅中花竹草木果蔬藥蔓之屬爲抱甕錄昔東坡在南海食蠔而美貽書叔黨曰無令中朝士大夫知恐爭謀南徙以分此味余亦不願　輦下諸君子見此錄使知退閒之有以樂其樂也康熙庚午秋七月江邨高士奇識

北墅抱甕錄

竹窗　高　士奇

梅

梅花寒香玉骨迥出塵表墅中古幹數百本構小亭其中早春破蕚香雪周遮獨坐長吟清人心脾至於水涯籬次叢竹怪石之畔間植數株橫斜彎曲各具標格梅種不一以綠蕚爲上品玉蝶次之單瓣野梅又次之紅梅姿韻芳妍豔而不冶其開在諸梅之先寒林點綴尤不可無

也

桃

桃花有紅白粉紅深粉紅單瓣大紅千瓣粉紅單瓣白千瓣白諸類爛熳芳菲色甚嫵媚其可供玩者莫如碧桃人面桃二種園中臨水植之不但取果二月花時曉壓初破宿露未收早起觀之大有幽趣若夫晴陽媚日與新柳互交遞倚又是一番佳致

李

李樹極可久、發花裹枝、縞如積雪、入夜尤明、無月時亦璀璨炫目、與山桃雜種、兩色交錯、遠望芳菲、至其繁香清趣、山桃又在下風、

梨

梨花膩白如玉、綽約有態、江南二月每多風雨、此花經雨、轉覺姿媚動人、月下亦佳、所謂梨花院落溶溶月也、

杏

杏花非紅非白、顏色頗妍、多種成林、極有風致、廣圃荒池、偃仰映帶、宛然郊陌、攜壺藉草、興復不淺、

櫻桃

酣春榭旁有小圃雜樹參差、櫻桃尤多、仲春發花、嬌冶多態、結實圓勻瑩徹、儼然絳珠、玉液芳津、甘滑齒頰、李義山詩越鳥誇丹荔、齊名亦未甘、早已為之長價矣、

枇杷

園中枇杷樹皆數拱、貫霜雪而愈茂、秋萌冬花、

春實夏熟、備四時之氣、果色正黃、昔人稱為蠟兄、廣州產無核者名曰焦（一作椒）子、其花今多曰為欵冬、非也、按本草圖經、欵冬乃爾雅所謂菟奚、顆生冰雪中、枝莖不大、欵冬枇杷皆凌冬而花、故訛為一耳、

楊梅

江南諸果、以楊梅為冠、有紅白紫三種、河朔蒲萄、瀘南荔子、與此差堪鼎足、晚花軒前所種、乃出項里者、陸放翁所謂項里楊梅鹽可撒是也、放翁自注、楊梅酸者乃薦以鹽、佳品未嘗用、因謂太白玉盤楊梅為君設、吳鹽如花皎白雪、未諳物理、果然、

林檎

林檎花與蘋果相似、開亦同時、園中約及百樹、新花滿塢、佳實出林、俱可耽愛、右軍帖、青李來禽、子皆囊盛為佳、函封多不生、可知古人於此果珍重護惜、不視為常產也、

荔枝

平湖去海僅三十里，偶有閩客攜鮮荔枝泛海來者，值風利，兩日夜達此，色味俱未變。白香山云：殼如紅繒，膜如紫綃，瓤肉潔白如氷雪，漿液酸甘如醴酪。非妄語也。私幸殊方珍果得嘗所未經，因取其核埋著土中，發苗一莖，葉似楊柳，初生淡白，數日色漸紅黃，又數日始成綠色，每兩葉相對而發，月餘後已高尺許，雖未必能花實，園中萬卉雜陳，正不可少此異品耳。

木瓜

蘭渚左偏木瓜一株最盛，花蘂類海棠而色較紅，實如小瓜，黃潤可愛，香極醲釅，以一二枚置坐隅，清芬滿室，可經數月。

佛手柑

土人遺佛手柑二株，并授培溉之法，枝葉密茂，三四月發花，紫白色，開落相繼，至十月不斷。每樹止留實五六枚，長俱半尺，大可一圍餘，經冬鮮潤，養至次年之夏，異香清馥，迥出物表。意特愛之，令人圖其根葉花實之狀，裝爲小卷，而題詩於後，以紀其盛焉。

香櫞

香櫞四月發花，青蔕白蘂，氣味芳烈，過於橙橘。江邨草堂後一樹嘗結實百餘枚，星毬月魄，磊落滿枝，殊屬異觀。摘置几案，久而彌香。

橘

果中橘最可珍，香色味皆冠絕羣品，噉一二顆可以蠲煩滌悶，沁潤詩脾。有朱橘，有綠橘，有蜜橘，味絕甜美。魏文帝云：南方有橘，其酢正裂人牙。至謂其品出蒲萄之下，殊非定論。花亦清香，細如點雪，深可愛玩。

橙

橙瓤極酸，皮甘辛而香，宿醒倦困時得此，昏思頓洗，功在茶荈之上。古者嘗取以芼鮮，七命所云和以春梅，燀以秋橙，今人未有用之者。

牛妳橘

牛妳即金橘之長者，以其形而名之。秋深始黃，經冬不落，垂金爍爛，滿樹離離。以盆植之，置深

室中、極佳、

金橘

金橘小於彈丸、酸多於甘、擘之、香霧芬烈、齋前二株、每樹皆得斛許、酒渴採嘗、風味殊別、

枳殼花

枳比橘爲小、枝榦沉綠多刺、花極香、過橙橘遠甚、蘂珠圓瑩、儼猶茉莉、而其大倍之、野人門巷藉此以護籬落、

柿

烏椑之柿、從昔稱之、世傳此樹有七絕、一多壽、二多陰、三無鳥巢、四無蟲蠹、五霜葉可玩、六佳實可啖、七落葉可以臨書、秋柯坪左右各有數株、大而多實、亭亭聳拔、鬱然成林、

石榴

南方石榴佳種不易得、園內亦不多植、惟水傍有大紅臺榴一二株而已、當仲夏之時、新綠初齊、遠近一碧、惟榴花烘晴映日、灼灼欲然、可謂絢爛矣、近又得一鑲邊紅、千瓣白松花色者、不異綺絢簇成、尤爲罕有、

銀杏

銀杏花夜開旋沒、罕得見、葉最繁密、片有刻缺、如鴨脚形、霜後葉色變黃、映以丹楓、爛若披錦、秋林黯淡、得此改觀、

榧

榧木紋理細緻、製器極雅、其葉類杉、黃花紫實、逃禪閣檐廊之下、偶得一本、結子甚多、舊有玉山果之名、殆以堅潤之性、比德於玉耶、

核桃

核桃葉厚而多陰、瀛山館前、隔岸土岡隆起、雜樹森立、核桃亦種其中、園多鳥雀、諸果熟時、輒被摧啄、惟核桃以味澀得免、蓋外炫者易敗、而中固者不傷、雖小物亦足感耳、

棗

棗樹枝柯勁拔、花細小而香、頗幽、輕風飄拂、芬馥如蘭、結實滿枝、青紅相雜、抱甕陂上有小亭、戲書棗熟從人打、葵荒欲自鋤之句、揭之楹間、

瑞香

瑞香枝榦婆娑、葉深綠而邊有白色、繁花成簇、香似薝蔔、極能透遠、一名睡香、相傳廬山僧臥岩石間、夢聞花香、覺而得之、故有此名、早春萬卉未吐、以此花爲梅之先驅、

臘梅

臘梅蜜藥絳心、香氣濃郁、蘭渚軒一株、磬口種也、雖經盛放、常若半含、花倍大於他種、品格珍絕、

山茶

山茶種有不同、淺爲玉茗、深爲都勝、大爲山茶、小爲海紅、園中特多此樹、淺紅者早開、深紅者遲發、密葉沉綠、間以丹葩、萬蘂繽紛、燦如蜀錦、十月即花、檻外更有大紅寶珠一種、外苞六出、內萼千重、幾同剪簇所成、彌旬不落、射以晴陽、浥以宿雨、倍增絢麗、尤屬奇品、

海棠

海棠同名異種者不一、惟紫綿爲佳、今所稱西府是也、万俟雅言詩云、海棠點點要詩催、日暮紫綿無數開、欲識此花奇絕處、明朝有雨試重來、正謂此種耳、園中海棠甚多、臥齋前一株、乃西川佳種、脂痕淺抹、逸態嫣然、有佳人遺世獨立之意、更不得以無香少之、

貼梗海棠

貼梗海棠枝不能大、叢生單葉、綴枝作花、磬口深紅、若黏絳蠟、雖微乏韻度、而殷麗之色、要足取也、

垂絲海棠

海棠以櫻桃接之、便成垂絲、花瓣叢密、與海棠不同、而色略相似、重英向下、柔蔓迎風、婉孌之姿、如不自勝、

玉蘭

玉蘭喬柯上聳、絕無柔條、花開九瓣、着於木末、其白如玉、其香如蘭、花落後、葉從蒂出、綠蔭濃、極娛春晝、余武林舊居樓前玉蘭一本、大可拱抱、花時倚檻吟賞、儼對藐姑冰雪之姿、自浮

況京洛二十餘年、己巳春扈　蹕南巡、始得重過舊里、而樹已不存矣、時作懷舊數篇、中有吟罷翠螺當檻入、粧成香霧卷簾看之句、蓋意之所耽、不忍忘也、今園中所植、亭亭明艷、不異舊觀、

繡毬

繡毬聚花成朶、團圞如毬、初開色本嫩綠、盛開則褪而成白、鏤瓊琢玉、不涴點塵、飄墜之時、繁朶滿砌、無異落梅、足供幽賞、閩閣中產紅繡毬、尤爲艷異、惜不能移植耳、

辛夷

辛夷絕似玉蘭、有淺紅及紫二種、含苞未拆、尖銳有茸、儼然禿筆、江南以木筆呼之、黃鳥試鳴、曉英乍吐、褰簾坐對、春色正在此中、

梔子

梔子小於玉蘭、而香過之、山館幽僻之所、偶植數本、暑月發花、清芬滿院、

丁香

丁香有紫花、有白花、緣枝遍發、極爲繁密、南北之種不同、京師丁香樹高者數丈、葉大如紫荊、江南所產枝榦不肥、葉細而小、惟花朶相似耳、而春秋發花二次、則勝於北產也、

牡丹

牡丹雖盛於唐、然謝康樂已言永嘉水際竹間多牡丹、北齊楊子華有畫牡丹、則此花之從來遠矣、其名目至多、宋錢思公作花品、得九十餘種、獨以黃紫爲貴、今姚黃之種不傳、惟紫者多有、次之莫如玉樓春、以其姿韻酣姸、香氣穠艷也、園中得魏紫一本、玉樓春數十本、下甃白石、旁設朱闌、上張翠幙、花大於盤、重臺高及尺許、絢爛繁華、動盪心目、所謂瑶臺金谷中人、他花縱極明媚、不得不讓一頭地矣、

芍藥

芍藥之種、古推揚州、今以京師豐臺爲盛、浙中雖無佳種、惟培溉有方、花亦頗大、有紅白紫數色、深淺不同、曲院短垣、下疊石砌、排比種之、燦

爛滿目此花宿根在土十月生芽至春冒土而出紅鮮可愛若花含曉露嬝娜欹顏大有美人扶醉之態

紫荊

紫荊叢生花無常處緣榦附枝上下遍發故又名滿條紅王敬美嘗云此等花雖非奇卉而點綴春光不可無一可謂知言

棠梨

棠梨樹如梨而小又謂之野棠花淺紅色結實

如楝有赤白二種白棠子多酸美而澀赤棠子澀而酢花亦可食丹鉛錄曰尹伯奇採葶花而食葶即棠梨也

綬帶

綬帶略同錦帶花葉斑斕相間枝條軟曼隨風披拂有類於綬是以得名北地甚多南中頗少

杜鵑

杜鵑一名山躑躅唐詩五渡溪頭躑躅紅即此花也春晚發花密蘂攢簇其色深紅久經風日

猶灼灼可愛玩蘭渚軒前多古松怪石植杜鵑兩株於其下倍有風趣

紫薇

紫薇皮不頑皴淨滑可愛一枝數穎一穎數蘂有紅紫翠白諸色開花可經數月牆陰石角隨處栽之瀛山尤多日久皆成連理當殘暑初消繁英新吐苧衫葵扇雜坐花下啜茗清譚亦勝事也

桂

桂分紅黃白三色紅者曰丹桂黃者曰金桂白者曰銀桂每秋發花兩度丹桂有子凡花之香者或清或濃不能兩兼惟桂花清可絕塵濃能透遠一叢盛放鄰牆別院莫不聞之江南好事者多結之作屏余園中小徑鱗次種植左右成行接葉交枝上不通日花時金粟滿望李義山所謂桂巷殆不過是

木槿

園中遶塹設籬編木槿爲之盤織縱橫茂綠盈

望花不一種，有深紅、淺紅、藕色、白色。至於重臺千瓣者，則似木芙蓉，雖榮謝不常，而鮮妍可愛。

合驩

合驩葉細如槐，比對而生，至暮則兩兩相合，曉則復開。花淡紅色，形類簇絲，秋後結莢。北人呼爲馬纓，取其花之象也。野牆荒塹之側，輒得數株，欲植之草堂前，以本大難遷，遂不復移。採其葉乾之，釀以爲酒，醇釅益人。

玉蘂

唐人最重玉蘂，種之集賢院中，其後失傳，不知玉蘂爲何物，并有疑卽是瓊花者。近得一株，似荼蘼而八出，玲瓏明淨，眞冰雪姿也。

金雀

金雀叢生如棘，花生葉傍，長條直上，行列清疎。取其小本種磁盆中，下磊奇石一二，似雲林片幅，綷有可觀。

玫瑰

四月百花已闌，玫瑰始發，濃香艷紫，可食可佩。廻廊之外，灌生作叢，與酴醾相映。京師有刺蘼，卽玫瑰之黄者，惜大江以南不能致之。

月季

月季花有紅、白、淡紅三色，香甚清越，逐月一開，四時不絕。種之籬落間，晨露未乾，鮮妍有態，臘中映雪，愈覺泥人。

木香

木香灌生，長條易茂，編籬引架，芬芳襲人。白花紫心者香更清遠，又有黃色一種，香少遜而色

頗妍，山栗破房，乳鵝脫殼，不足方其新艷也。

薔薇

薔薇花有淺紅、深紅、大紅之異，結花成屏，雅宜山墅，連春接夏，穠艷可人，落紅成堆，每不忍埽。園後有絕大者二本，緣高樹而生，上引下垂，延蔓百尺，花間樹杪，如綴火齊。又有白薔薇、黃薔薇、單瓣野薔薇，分香鬬艷，圍繞籬落，各極勝賞。

酴醾

酴醾香清而微，蔓延高架，露坐最宜。其花青跗

紅蔓、開時變白、架下可容十餘人、中設石几、與二三同調盤礴其間共試早茗洵爲樂事、

棣棠

棣棠花色金黃、一葉一蘂、生甚蔓延、春深與薔薇同開、可爲屏籬添色、

夾竹桃

夾竹桃本嶺南種、葉類竹而花類桃、姿態娟媚、自初夏着花經秋乃歇草卉之最久者、

金絲桃

金絲桃花五出比山桃較大而色黃心有長鬚茸茸作縷、頗具風格、非俗艷所能比也、

天竹

天竹枝葉瀟洒梅雨中開白花、子結枝梢、殷紅璀璨、纍纍若珠、霜雪不落、樹可久而難長、紅雨山房欄檻之前、一叢百餘榦、粗中把握、殊不易得、

虎茨、

虎茨枝不高大、葉綠多刺、花白子紅、新花已開舊實未落、間以密葉、三色互映、植之盆盎中、亦書室佳觀也、

慎火樹

慎火樹、葉光澤柔厚、夏開白花、相傳可以辟火、南方人多以盆種之、置屋瓦上、今閒栽石罅磽确處、與其清寒之性相宜、其生尤盛、

紫藤

紫藤緣木而生、久之條蔓糾結、與樹連理、屈曲蜿蜒之狀、不異蛟龍出沒、二月花發成穗、色紫而艷、披垂搖曳、一望煜然、採供盤餐、更屬佳品、

葡萄

葡萄以西北所產爲佳、南方不能得其種、然結架牽藤、涼陰覆院、暑夕坐其下、几簟皆有清意、所植紫綠二種、芳液甘醲、固亦可敵醇醴也、

金銀藤

金銀藤、葉類薜荔、細蔓緣籬、三四月後、開花不絕、長及寸許、一蔕兩蘂、前後繼開、此黃彼白、故得金銀之名、甚有清香、殊於凡卉

薜荔

蘭渚前籬垣周遭、短僅逾肩、薜荔緣壁上生、縱橫縈結、望之碧葉蒼然、山雨欲來、幽響槭槭、

錦荔枝

錦荔枝、藤蔓善緣、種薔薇屏下、翠葉滿籬、秋結荔子、青紅斑駁、中有甘液、鮮赤異常、

茅藤果

茅藤宜傍高架、着子最繁、小如桐實、秋霜之後、葉落子存、軟紅作串、積雪中色倍鮮明、又名雪裏紅、

蘭

蘭香最幽、迥出羣卉之上、號稱香祖、古人多愛之、羅畸云、朝襲其馨、暮擷其英、攜書就觀、引酒對酌、可謂愛蘭之癖矣、舊譜春蘭一莖一花、以紫莖青花者爲上品、青莖青花者爲中品、非也、惟莖淡白花淡綠心純素者、爲玉根蘭、又名素蘭、格價最高、青與紫皆不及、蘭渚崖涘之間種之甚多、

建蘭

建蘭極不易養、今得數盆、每盆各抽箭五十餘莖、合風受露、異香茂發、夏秋之際、清韻殊多、當湖蓄花之家、皆無若此之盛者、

蕙

楚辭既滋蘭之九畹兮、又樹蕙之百畝、所指爲蘭者、乃澤蘭、非春蘭、所指爲蕙者、乃零陵香、非蘭類也、今人以九節蘭爲蕙、長莖秀擢、芳蕚貫連、與春蘭相伯仲、光風晴日、近傍軒窗、幽情殊愜、

眞珠蘭

眞珠蘭出自閩粤、木本、狀似山梔、葉叢生枝上、一叢七葉者爲佳、五葉者次之、三葉者又次之、花開成穗、先青後黃、圓細繁密、若綴眞珠、是以得名、香芬特茂、余得七葉者二樹、高俱四五尺、亦江南所少、

魚子蘭

魚子蘭花、形似眞珠、香亦相等、但屬草本、莖蔓

上抽數寸一節葉生節間止可盆種插竹爲闌以樓縷繫之莖乃不靡花類粟顆初時色青及變而黃香氣乃發採花置竹箬上以綿紙覆之上鋪新茶經一宿後納入瓶中瀹茗能作蘭香清供第一

茉莉

茉莉有藤本木本兩種藤本者叢條並生木本者一幹上發蘂若珠圓迎晚而放芬馥絕倫紉帷竹簟臥趂微凉采置枕函旁足清魂夢

素馨

素馨似茉莉而小葉更纖綠枝弱不能自立插竹枝扶之雨過花間香芬絕世

蓮

泛滌池中有紅蓮白蓮臺蓮諸種葉擎波面夏雨忽來千點荷聲乍緩乍急凉風過處香芬襲人花明淨如拭清露晨流晴霞晚映尤覺鮮妍使人吟賞忘倦

木芙蓉

木芙蓉瀟洒無俗姿花色不一有白有紅更有一花而日三變朝白晚紅名醉芙蓉者性本宜水特於水際植之緣溪傍渚密比若林雜以紅蓼映以翠葵花光入波上下搖漾猶朝霞散綺絢爛非常嘗見宋孝宗書唐人刁光胤木芙蓉畫幅云託根不與菊爲雙歷盡風霜未肯降本是無心豈有怨年年清艷照秋江善爲此花寫照矣

觀音蓮

觀音蓮葉形類芋而大片葉可以蔽人色最媚綠中心抽莖發花白色瓣若小蓮土人謂可救毒螫以此得觀音之名

芭蕉

平湖諸家園亭芭蕉絕少近從會城移得三四本種泛滌亭後密陰冷翠上襲人衣晴日對之亦作風雨之想幸性本易生蕉筍駢發年餘後應可成綠天矣

美人蕉

美人蕉自粵東來、葉雖不大、而翻風滴雨自有幽姿、其花開若小蓮、而色正赤、惟中心一朵曉生甘露、嘗之如飴。

菊

菊花種類甚多、園中栽菊作圃、得數百本、有黃紫紅白藕蜜諸色、每色又各有深淺、并有一本兩色者、其朵瓣亦種種不同、或如毬、或如盤、或如剪翎、或如擘縷、或如松粒、或如柳葉、窮極變態、友人知余嗜菊、多有自遠載送者、環置草堂、

清芬連月、而種色之妙、以余圃所栽者爲最盛。

金銀消息

消息菊之小者、有黃白二種、因色之相似、以金銀名之、菊最難培、此種獨易、籬根徧布、歷歷如星。

秋海棠

秋海棠幽姿冷艷、非塵埃中物、性特喜之、園中陰閒之地、無處不種、曉風凉露、一抹輕紅、不覺我情之欲移也。

水仙

水仙臘蘂春花、能傲冰雪、寒香冷艷、瑩淨不凡、石脚陂陀之處、雜種無次、清疎可玩、性喜得水、離土亦活、嘗以古磁盆滿貯清泉、置花數苗、磊石擁護、花更茂悅、山谷所云明窗淨几香氣撩人也。

朝鮮牡丹

朝鮮牡丹、卽本草當歸、又名文無、弱枝嫩葉、不勝風日、中心抽細莖、花生莖末、一條十餘朵、麗

簇下垂、狀似小囊、俗呼荷包牡丹、亦草花中之艷品也。

戎葵

葵有數十種、因色之淺深、瓣之單複、各成一類、余前居苑西時、植之最多、自四月至十月、花開不斷、今園居地大、尤得栽蒔、葵愛日而不喜肥、但以淸水灌之、一莖百蘂、灼灼照人、諸色間雜、尤極絢爛、

錦葵

錦葵花小如錢、文彩斑斕可愛、高不過一二尺、而蓓蕾攢簇、吐萼盈枝、梅雨淹旬、賴此花點綴、不至寂寞、

秋葵

秋葵黃花綠葉、紫蔕檀心、惟玉人道粧、差可彷彿其風韻耳、與芙蓉前後開放、枝葉亦復相亂、荷池芹岸之上、夾雜種之、雅態可挹、

百合

百合花、一名摩羅春、一莖上抽、四旁出葉、花生

莖端、有紅白二種、白者尤勝、每拆一蘂、滿庭皆香、

蝴蝶花

蝴蝶花、碧白相雜、上有黃斑翠點、翩翾之狀、全類蛺蝶、眞野卉之佳種、

長春

長春花色赤黃、類野菊、發蘂極多、花不大放、形似小盞、故又名金盞、將蔫者旋卽摘去、勿令結子、則新蘂旋生、一本可得百餘花、相繼而開、四時不絕、

罌粟

山亭水岸、俱種罌粟、有大紅、淺紅、深紫、淡紫、藕合、蜜合、純白、淡綠諸色、一房千蕚、簇若剪綃、相傳中秋夜令女子艷服播種、則來歲發花、繁艷絕世、

虞美人

虞美人、莖葉花蘂似罌粟而小、或云此花聞人歌聲、能應節而舞、又有舞草之名、花極娟秀、

山丹

山丹有赤有黃、四月蠶成繭時、此花正放、亦似渥丹、黃猶蒸栗、一莖直上、柔葉護之、與百合相彷彿、但大小異耳、

剪春羅

剪春羅葉綠而濃、開花極盛、每瓣刻缺甚多、有如蜀羅被剪、發莖叢密、足充階砌之觀、

剪秋紗

剪秋紗長莖小朶、弱不勝風、白瓣五出、上有紅

絲命童子削竹作小屏編花於上亦殊艷冶

金錢花

金錢花午開子落吹墮苔鋪之上輪郭圓整宛然赤仄錢也

蘐

蘐花可玩可餐葉色媚綠花有蜜色朱色之異蜜色者有香朱色者不香今皆種之蘐本從諼有忘憂之意野人無憂可忘聊娛春興

鳳仙

鳳仙雜色善變而平湖所出視他處尤佳紅紫碧白無所不有有一本兩三色者有一花兩三色者重跗疊萼莫能名狀

石竹

石竹纖柔易生枝蔓青翠花具五色嬡娟動人以時培灌亦能作木本重臺

秋牡丹

秋牡丹徧地蔓生葉似牡丹而小黃鬚紫萼艷色鮮妍可破秋容之蕭瑟

玉簪

玉簪即白鶴花山谷老人題爲江南第一綠葉環匝類小甘蕉花似玉搔頭內玲瓏而外瑩潤香芬酷烈冠於秋花

紫鶴花

紫鶴莖葉花蘂與玉簪不異故亦稱紫玉簪玉簪有香紫鶴無香而嬡娟靚艷却自遠勝五月發花與朱蘐山梔同插瓶中晴窗清晝風致不淺

雞冠

雞冠當暑成花霜後始萎若扇若纛若鳳若芝形狀各殊色亦有紅紫黃白碧綠之異根生石罅中不須肥土其本高卑不齊有矮不數寸者蘇子由詩注矮雞冠即玉樹後庭花云

草茉莉

草茉莉有紫白二種花形似茉莉而跗較長中心有鬚暮開曉謝殆陰類也結子初青後黑內有白粉可療面斑

牽牛

牽牛蔓生善緣，葉似楓，有三尖，花不作瓣，下小上大，曉露未乾，輕翠悅目，日出即蔫。子名天茄，以糖飣之，可食。

西風錦

西風錦與老少年相似，葉外青中紫，經霜色變，青者爲黄，紫者成赤，階除之下，滿目斑斕。

老少年

老少年莖葉俱紫，秋深鴈來之候，葉變而紅，末梢一叢，鮮赤如染，亦號鴈來紅。此時草木就衰，而反成麗采，亦屬奇觀。

萬壽菊

萬壽菊莖葉細小，花亦黄，多瓣，蒂長寸許，不香而艷，其開耐久，盛於秋深，亦有傲霜之意。

雙鸞菊

雙鸞菊，即草烏花，形如僧帽，内藏兩蕚，若雙鸞之並肩尾翼，宛然化工之奇，眞有不可揣測者。其色紫艷，繁而且久，秋齋之玩，冠絕一時。

紫鈴

紫鈴莖細葉弱，發花至繁，一莖可得十餘朶，色紫而翠，尖瓣五出，若小鈴，中有黄心，輕風拂之，摇曳多態。

鳳毛

鳳毛引蔓極長，葉細如縷，附莖而生，稠密整齊，有若人巧，花如野茉莉而小，色大紅，頗明艷，宜結小屏。

秦椒

秦椒枝葉蕃緣，高一二尺，開白花，結子長二寸許，深秋色紅，磊磊可喜，味之辛烈，過於薑桂。

金燈籠

金燈籠元宮中植之，號爲紅姑娘，其實外裹黄苞，内含紅子，一枝得二十餘枚，苞作六稜，微尖，子如彈丸。京師極多，余向有秋花雜咏，此亦與焉。

龍膽草

龍膽莖長數尺，葉相對生，花色艷翠，如膽形，以

細竹引之極供靜玩

淡竹葉

淡竹高數寸花如翠鈿風露之下繽紛有姿細莖多節葉尖而長儼然小竹也爾雅以莯竹爲王芻豈即此種耶

車前

車前葉厚而澤長莖多子王旻山居錄有種車前剪苗食法不獨充藥品也階前雜草手加鋤薙此種獨存之

蒲公英

蒲公英小科布地四散而生莖端發黃花若野菊花殘成綿風飄着土即生新苗嫩時可食

石菖蒲

石菖蒲本名堯韭產山澗砂磧中蒔卉喜肥此獨喜瘠以細砂種之養以清泉層冰不凋烈日不萎座隅清供罕有其倫

半夏

半夏苗一莖一花葉與茨菰似但極小每本不過六七寸膝籬之下生發茸茸初未嘗下種也園中藥卉自生者極多頗有未識其名者亦不能盡錄之也

紫蘇

紫蘇香氣清越摘片葉嗅之倦悶即豁自昔以護蘇並稱有以也背面俱紫者爲上面紫背青者次之八月作花九月採子

薄荷

薄荷與紫蘇同形而異色香亦相等閩川湖之俗以薄荷代茶葅余喜其辛涼之味夏月輒煮而啜之

決明

決明本小末尖似槐葉秋開深黃花結角如小指長二寸尤喜其苗葉可作酒麴餔糟啜醨與衆同醉討之最得者也京師名爲望江南

麥門冬

麥門冬類石菖蒲葉更長茂緣階而生一名繡墩草麥冬生土中根鬚之上四月抽小莖開淡

紅花結實圓碧惟吳越有之

天門冬

天門冬莖葉森發花細而白有清香方書多謂天冬與松脂同服可以駐年余素不講服食養生之訣但愛其綠縟聊以娛目而已

艾

艾雖見斥於楚騷然亦香草之一種與蕭不同隙地自生懶加剪薙森森林立風過頗香

菖蒲

菖蒲生淺渚中不煩排植春初出水茸茸短翠謂之蒲嘴當夏盛長與紅蕖青葭互相掩映亦自可悅

鹿葱花

鹿葱花六出儼然蛺蝶之狀三大圓瓣三小尖瓣外藕花色中心白地有紅黃細點搖風弄影姿韻特妍

翠雲草

翠雲草性喜陰濕與芭蕉虎刺秋海棠相似而較為易生北窗背日之地偶植數莖時月既久鋪翠盈堦漸有入簾之色

吉祥草

吉祥草不拘水土及石上皆可種伴以丹芝錦石清雅特甚花紫蓓生頗為易發

金絲荷

窗前幽蔭之地多生金絲荷其葉大者幾於盈掌心中抽長鬚作細白花根旁時長紅絲沾土即成根株最易繁茂

鳳尾草

鳳尾草喜陰石罅溪坳足跡罕至之處往往而有幽蘭空谷斯為近之

書帶草

書帶草葉如細韭性韌而弱蒙茸四垂清風拂之鮮翠足喜

苔

山居懶慢庭院經時不埽過雨之後滿砌皆長莓苔色翠而幽如紺錢散地稍喜門無剝啄不

爲屐齒所侵得以成其清勝

柳

柳性易生橫栽倒插皆可活早春時嫩綠初芙柔絲髮鬈非煙非霧濃媚迎人又一種赤榦細枝葉青如縷花粉紅色名三河柳爾雅之所謂檉也天將雨檉先起風以應之故又稱雨師亦婀娜可愛

柞

柞樹扶疎多枝葉細而密新葉將生故葉乃落

其質堅韌可中屋材

榆

榆樹類枌春初緣枝生莢纍纍成串未熟色青已熟色白結子爲榆錢崔氏月令謂榆錢可羹兼可蒸作糕餌收至冬可釀酒瀹過搗羅爲末調以鹽水日中曝晒可作醬

松

松花可服松節可釀松脂可爇松子可餐松濤可聽松陰可坐霜榦煙姿亭亭千尺眞山居勝友也園中有青皮紫皮三鬣五鬣各種皆黃山天目所產對此風標可爲晚節之助豈僅添雅興已耶

柏

有刺柏有側柏有瓔珞柏三種枝葉各異刺柏圓而上指側柏扁而側出瓔珞柏長而下垂皆貫雪凌霜不改柯葉就中瓔珞一種尤佳堅勁之中別具嬝娜所謂魏鄭公之嫵媚耳

梓

梓樹大數十圍老榦上挺旁枝交讓花最繁形如蛺蝶色淺紅上有深點類洒染所成中含二鬚落時一鬚在花一鬚在蒂余軒前得十餘株土人呼爲佛樹開若紫霞落如紅雨眞異觀也

梧桐

梧桐修柯碧葉紆徑之內種之成列綠陰蔚然曉雨夜月時幽響滴瀝清影扶疎秋聲秋色盡在於是

槐

槐木數株、陰蔽一院夏月就綠蔭之下解帶披襟、箕踞盤薄、不知時爲炎暑、花細而黄香亦清發、涼雨乍過金英滿地、倍覺幽趣可耽、

楠

楠樹童童若幢蓋、枝葉森茂、新陳相換、經歲不凋、葉初發者其色鮮赤、過於晚楓、

楓

楓葉三眷霜過色丹、其脂香濃、可爇以辟蠹、與柏柿銀杏等樹同栽秋色滿林、有鋪錦列繡之

目、草堂牆角一株高五六丈、修枝遠引老葉易酡、獨擅勝致、

柏

烏柏亦稱鴉舅、深秋葉赤最可耽賞、至冬葉落結子、作十字裂色白似梅花、纍纍不墜、

樟

樟葉四時不凋、細花小子、扶疎挺特具干霄之勢其肌理錯綜有文、足中器用非散材可伍、

櫸

櫸似柳非柳、似槐非槐性本宜水、故緣野塹種之、葉嫩時、鄉人採取其葉作茗、名爲甜茶秋有實若榆錢狀、其材易大、不減樝林、溪陰十畝不數年而可得也、

桑

塹池之外、徧植桑木、綠陰被野、雞犬閒閒甚得田家風趣春日率婦子編箔栖蠶、以織作爲事非惟習勞亦可適興、

偃松

蘭渚前古松七株、皆黄山所産、又得偃松一本、亦自黄山來、蓋百餘年物矣、而高僅三尺許、攫拏夭矯、幹若屈鐵、旁倚怪石、儼然畢宏韋偃畫本、絶可珍也、

海桐

閒花塢、有海桐一株、枝葉極茂、斜掩溪門半臥水面、葉濃綠、髣髴楊梅三四月開白花、與丁香相似、釣艇晚歸時繫於此、

橡

橡實似栗而小圓而有尖帶蒂與栗同榦不能如栗之大親串偶集取其實以充盤核聊同古人拾橡之意

栗

松盤山外平疇衍迤皆種栗樹大者十數圍結實甚多新秋剝食芳鮮莫及兼有香氣若桂叢之始拆八九月時其房自裂命小奚掇拾筐中懸檐壁多風處俟其少乾皮易脫而味較勝

山樝

來禽坳以種林禽得名不植別樹惟山樝十數本參差林間亦來禽類也有黃赤二色味兼酸甘以為飯餘酒罷之供所益多矣

穀

穀皮類柔而粗葉類桐而多刻缺初夏結實類楊梅而不可食皮絕柔韌可以取材古人常擣以為紙其妙必勝於竹惜其法已不傳矣

冬青

冬青土人呼為凍青以其嚴寒不凋也漱晚磯旁數株夾水而植與烏桕丹楓高下相間垂綸偃仰縱目皆成佳觀

皂角

皂角密葉如槐綠陰低亞秋來結莢下出葉底離離可觀園四周皆水塹岸之上灌莽成叢此樹頗為秀出

椶櫚

瀛山巔渚之地皆疊亂石為短垣不加粉堊於牆角植椶櫚三四本高可齊檐微風乍拂輕涼

自生極瀟洒之趣皮有絲縷錯綜如織取為冠屨簟拂等物大稱山居三月間莖內生黃苞狀若魚子可食名曰椶筍亦曰椶魚蒸熟後以蜜醋製之即千里可致也

漆

漆樹高二三丈柿榦椿葉當暑多陰佳木也吾浙桐江以上山居之民以採漆為業利最饒沃莊子云桂可食故伐之漆可採故割之也今植於吾園者止取其蔭而不以為利遂得免於斤

斧蓋散人所樹即爲散木，猶愚公所居即爲愚谷也，天下物豈有常哉。

黃楊

黃楊木理細膩，枝葉繁多，性堅而韌，然滋長最難，世傳此木終歲長不盈寸，遇閏月年則頓而不長，蓋物理之至奇者，然攷爾雅，桐荚蓏皆厄閏年，又不獨黃楊也。

平地木

平地木高數寸，葉深綠，子先青後紅，若小棠梨，經年不落，巖洞嵌空處，與幽蘭同種，點綴良佳。

枸杞

枸杞高三五尺，叢生，枝條有刺，夏秋間開細花，隨結小果，色紅味甘，採曝收藏，下酒頗善。

黃連

黃連高止尺許，其生作叢，一莖三葉，花實之色皆黃，江文通黃連頌云：黃連上草，丹砂之次，江南所產，不及蜀中爲良，然苦口之味，殆不可不備也。

茶

吾鄉龍井徑山所產茶皆屬上品，偶移其種於圃中栽之，發花極香，春末綠芽新吐，訪得採焙之法，手自製成，封緘白甌中，於評賞書畫時，瀹泉徐啜，芳味絕倫，茶喜山石蔭密，此地無山，故不能多植，然亦足解玉川之癖矣。

竹

竹於草木之外，別爲一類，植物之仙品，方塘曲徑，到處植之，宜月宜風，宜晴日，宜晚雨，宜殘雪，

至於伏暑方炎，石牀蒲几，坐臥密林中，冷翠襲衣，爽籟盈耳，正未知羲皇上人，視此若何。

鳳尾竹

巖畊堂外小院數弓，有白石遶牆下，堆疊有法，上植鳳尾竹一叢，長不盈丈，纖枝婀娜，翠葉森發，晚晴風過，灑然絕塵。

慈竹

慈竹心實而節疏，灌生上挺，鞭不旁行，其笋於八月間發，窗前陰閒不宜樹木之處，即種之，其

下培蒔秋海棠鳳仙諸卉甚覺相宜

毛竹

毛竹大者圍徑二尺許刳其根爲筆牀酒盞等器諸用畢給林中多野雉鳴鴝之聲極其清越與竹籟相應昔人謂園居者須是三分水二分竹一分屋庶幾近之矣

斑竹

斑竹碧榦紫紋娟淨莫比修篁塢中皆植此種新梢乍放殘粉未消對之令人神遠

筍

春日發者爲園筍新苞初迸嫩美罕匹眞勝於芻牛之腴焙之作脯經年可用夏月竹鞭四行其穿土而出者爲鞭筍作羹特佳竹忌狂鞭刨去之則次年竹更茂冬日生者爲團筍伏蟄地中短而節密所謂蜩腹蛇蚹者是也京師惟團筍可以攜致然亦珍貴不能飽啖不若此間之不論錢也年來千畝在胸不減饞太守矣

棉

棉葉若牡丹花若秋葵不獨可織亦可玩也平湖風俗醇樸喜服布素隙地種棉者多余蔬圃旁分畦栽插鬱鬱成叢因使家人採花紡織以供被服

麻

有紫麻白苧二種枝葉扶疎秋夏間發細穗一朶數千穗白色每歲可三刈取其皮治以爲縷擇最細者以爲苧衫當暑之服莫適於此

蕨

蕨生野中春時萌芽拳屈長而漸展若鳳尾莖嫩無葉時取之蒸曝作蔬絕美屑之爲粉製粔籹之類味甘滑而色微紫可稱瓊糜

薇

薇莖葉氣味皆似豌豆其藿作蔬入羹皆宜京洛士大夫爲詩多念故山薇蕨手擇口嘗而眞知其味者誰耶

矮黃

矮黃菜中之奇種惟江浙有之其生不高經霜

黃熟、因以得名今人稱呼爲黃芽菜聲之訛也肥嫩易爛、食無筋膜、味甜而腴、與北方之甘肅菜可以爭勝、

菾菜

菾菜葉青莖白、狀類白菜、但差小耳、陸放翁云、吳地四時常足菜、一番雨過一番生、蔬之同類異種者甚多、隨時茁發足供野人口腹、益造物所以厚園居之賜也、

莧菜

莧生初夏、小摘淨擇、一瀹即熟、香美勝於衆蔬、有青莧紫莧二種、紫者羹汁殷紅、以送炎粇、色映匙盌、

灰莧

灰莧心紅葉綠、煮食甚香、至秋漸老、高六七尺、莖可爲杖、輕而且堅、勝於節竹、所謂杖藜是也、

芥

青芥紫芥、白芥、皺葉芥、因類分畦、春秋兩種、老而愈辣、頗有薑桂之性、作虀最宜、收芥子屑之成末、點和食品、風味亦佳、

諸葛菜

諸葛菜花色紫碧、倩艷異常、種數本於軒砌之間、饒見幽致、非凡蔬所能比、又四時皆可食、詩人所謂蕪菁即此種也、

萊菔

萊菔莖不高、而結根甚大、謂之蘿蔔、有白者、有黃者、有紅者、有紫者、紫白二種、葉似蕪菁、黃紅二種、葉似蒿菜、春末抽薹發花、其根辛而微甘、可生、可熟、可醬、可腊、可醋、可糖、蔬品中之極有益者、

菠薐

菠薐根赤色、葉青、北方呼之爲赤根菜、四月起薹尺許、開碎白花、此菜播種時必過月朔方生、即晦日下種、與十餘日前種者同出、唐會要貞觀中尼波羅國獻菠薐菜、狀類紅藍、其所從來遠矣、

白菜

白菜莖扁薄而白、大者高三尺許、爛煮作羹、以蕒米芼之、雖珍錯不能過也、更有名春不老者、與白菜相類、而脆嫩尤甚、四時可種、醃食甚美、

芸薹

芸薹、單莖圓肥、葉附於莖、嫩時可食、其末發花如蘿蔔、瀹而乾之、製以鹽、禦冬上品也、

薺菜

薺雖野草、而有佳味、採取宜在寒食前、東坡與徐十三書云、今日食薺甚美、不甘於五味、而有味外之味、其法取薺一二升、淨擇、入淘米三合、冷水三升、生薑不去皮、搥兩指大、同入釜中澆生油一蜆殼於羹面、不得入鹽醋、天生此物、以爲山居之祿、輒以奉傳、不可忽也、食薺之妙盡此數語矣、

苦菜

苦菜花肖野菊、春夏皆開、一花結子一叢、若茼蒿然、根葉皆可食、余取以爲常供、元人詩、盤餐落落對瓜畦、杜撰人間苦蕒虀、洵先得我心者也、

同蒿

同蒿莖肥葉綠、與白蒿同、四月起薹二尺餘、可食、一種小者、爲茵陳蒿、芳嫩倍之、

生菜

生菜、花如苦蕒、春秋可再種、略點鹽醋、生挼食之、甚美、故名、

萵苣

萵苣與生菜類、有尖圓二種、尖葉者味苦、圓葉者氣如香秔、四月抽薹如筍、謂之萵筍、余長夏三餐啜粥、飽菜根香味、於諸蔬之性、獨得其詳焉、

馬齒莧

馬齒莧、柔莖布地、葉對生、比並圓整、如馬齒、故名、六七月開細花、本屬草丸、而可以充蔬、亦可入藥、

芹

芹性潔、氣芳、根葉皆堪作菹、圃傍荒澗遍產香

芹、白韮翠苗郁郁可愛。

蘧

蘧五月生苗如嫩蘆、秋社前後新芽若指、名紫芽蘧、采食無筋膜、秋分後采者次之、經霜乃老、分湖稻蟹極肥、脂同切玉、搗蘧爲之以佐村釀、誰謂荒寒寂寞之濱、遂無佳味哉。

蒜

北方蒜微甘而不辛、可爲常食、南方出者辛而不甘、然極能制服食之毒、春苗軟美、鹽製爲菹、亦

佳。

薤

薤葉似葱而有稜、根似小蒜、一本數顆、相依而生、北人呼爲蕌子、內則云切葱薤、實諸醯以柔之、是古人已有醋浸之法、性能益氣宣滯、於老人尤宜、故少陵有衰年味煖之句也。

葱

葱名菜伯、爲種至多、其中絕佳者爲冬葱、迎寒茂發、香而不葷、軟美可食、入藥亦宜、卽所謂大官葱也。

韭

韭以眞定產者爲佳、今杭郡之種、肥脆不下眞定、其性易生、旋剪旋發、不煩人力、春初雨過、嫩本新抽、啖之神爽、脆菘早韭、並稱山中佳味、信乎不虛。

蠶豆

蠶豆方莖密葉、紫萼皂心、二月花開被壟、和風送香、濃而不媚、初夏其莢與櫻珠並熟、吾鄉風

俗以點新茗、老後炒食尤佳、長公在黃州、追思與楊宗文諸人往來瑞草橋、對坐莊門、喫瓜子炒豆、田園眞樂、自不可忘。

扁豆

扁豆花有紫白二色、狀亦不一、莢生花下、花卸而莢現、纍纍成枝、烹以侑餐、有淡泊之味。

豇豆

豇豆作架引之、其生易蕃、莢如衣帶、生必兩兩並垂、有青有紫、斒斕間雜、

刀豆

刀豆亦喜緣架，須乘嫩采之，老則不佳矣。樂涙有挾劒豆，其莢横斜，如人挾劒者，殆此種也。

西瓜

西瓜各種，皮有青有綠，瓤有深紅，有淡紅，有白，有淡黄，子有紅有黑有白，迥不相類。炎歊正酷，浸以寒泉，會客剖嘗，凉沁心腑，不啻飲沆瀣吸石乳也。

甜瓜

甜瓜其小如拳，味特甘美，北人多於飯後食之，謂其能消穀氣也。牽蔓被壟，纍纍可摘。

稍瓜

稍瓜粗於黄瓜，色綠而黝，縱有白紋界之，微凹，體光而澀，膚質而韌，製之以醬，足儲一年之供。

南瓜

南瓜愈老愈佳，宜用子瞻煮黄州猪肉之法，少水緩火，蒸令極熟，味甘膩且極香，田家一飽之需，孰過於此。

香瓜

香瓜皮嬌黄，間有青色，斑駁如畫，漿液香甜，瓤肉細膩。披襟逃暑時，得此以潤吟吻，亦一快也。

王瓜

王瓜葉似木芙蓉，花黄，結實似小兒[illegible]，[illegible]墢處則易生。杜少陵云：陽坡可種瓜，眞曲得物情者。瓜質脆嫩，可消酒渴。

絲瓜

絲瓜喜延高架，宜背陰，其實長尺許，嫩時甘滑

可餐，老者瓤絲若網，可以滌器。平湖種瓜者，多於菱灣漁港之旁結爲低架，碧蔓黄花，下俯流水，燦然可觀，不但有落實之益也。

冬瓜

冬瓜附地徧生，瓤白如玉，逢辰日種之，其生必繁，故黄山谷呼爲辰瓜。

蒲蘆

蒲蘆莖長，須架起則結實圓正，可蜜煎作果，可削條作乾，小者可作盒作盞，長者可作灌花噴

壺、亞腰者可盛藥物，苦者可治病、

瓠

瓠子苗葉花蔓俱如葫蘆、江南人呼曰扁蒲、味淡而美、且極爽滑、豳風所謂八月斷壺即此、固宜以爲常供、

茄

茄大小不一種、煮食甚甜滑、醃製糟醬無所不宜、色紫而澤、昔人美其名曰昆侖紫瓜、

甘露子

園中密樹之下、輒種甘露子、其性喜陰得樹蔭更易長茂、大者長一二寸、子生根上、如聯珠色白味甘脆、生熟皆可食、

芋

蕁溪芹磵之間、多種芋、葉比么荷、綠淨如拭、寒宵擁爐坐話、煨老芋啖之、自謂官廚法饌、不敵其美、彼沒齒於膏粱者、殆未足與語此也、

香芋

蔬香菴前、瓜棚豆架、縱橫如織、香芋亦緣蔓其中、冬來斸土取芋、炊食良佳、其甘潤不及山藥其香則非山藥所能望也、

山藥

山藥引蔓緣籬、葉厚而澤、開細花、淡紅色、實生葉間、形似小棗、煮食頗香、其根有紫白二種、白者尤細膩、蒸令極熟、糝以蔗霜、以匙抄而啖之、若吸石髓、

蘆

塹河蘆葉遠近一碧、芙蓉灣香芹澗蕁溪諸處尤多、翠葉停煙、白花搖雪、當秋水方盛之時、坐倚釣蓬、垂竿其際、飄然有五湖之思、

蓼

向居苑西、於書屋前種紫蓼極盛、北地絕無池沼、每日遣家僮擔井泉沃之、每株皆高六七尺、秋來紅穗低垂、具有幽意、園中多洲渚、蓼生甚繁、不待灌植、沙禽野鷺時來出沒、蕭疎秋色在會心者自得之、

茨菰

茨菰生水土之交，每窠抽葶一枝，開花數十，白瓣黃心，其根類芋，甘滑不及，而香乃過之。

茭白

茭白多葉如蔗荻，四五月中抽白薹，大若小兒臂，蒸熟甘美而鮮，秋後有實，所謂彫胡米也，炊之作飯，與香稻髣髴，佐以蓴羹，菰本老饕之腹屬厭有餘矣。

蓴

蓴菜江南多有，西湖所產尤佳，漁書樓後有陂

塘半畝，滙瀦溪流其中，蓴絲密茂，葢西湖種也，春夏之交，葉底生津長寸許，白如水晶，蓴羹之妙，正在此日。袁中郎云：蓴菜香脆柔滑，略如魚髓蟹脂，而輕清遠勝，其品無得當者，惟花中之蘭，果中楊梅，可以異類作配，信不虛也。

荇

陂池近岸處徧產荇菜，葉若荷錢，莖如麥股，五月開小黃花，名曰金蓮，蘭渚下有平池一方，畜金魚百餘尾，每曉皆浮荇葉間，鱗鬣粲然，往來

如織，欲作濠濮間想。

萍

面背皆青者萍也，面青背紫者蘋也，長及指許，面紫而有紋者麻蘋也，小池風定，一望幾成綠茵，飛花點之，斑駁如繡。

藻

水草中惟藻爲雅潔，青絲碧縷，節節連生，每當風水相遭，波紋如縠，縈帶之趣，殊有足觀。

芡

荒灣斷塹，皆種芡實，綠盤鋪水，與荷茭相亂，彌望田田，早秋采實而食，有珠之圓，有玉之膩，水屬諸品，此爲上珍。芡花向日，菱花背日，荷花日舒夜斂，芡花晝斂宵開，開中消息物理，亦有微會。

菱

平湖菱出馬瀆者爲上，有大小二種，與菰芡等雜種池塘中，秋來自操小槳，采摘滿筐，柴門月上，扣舷浩歌，沙洲宿鳥磔磔驚起，平生江湖之

興庶可少適矣

葧薺

溪旁水淺處葧薺成叢而生綠苗纖銳中通外直其根大者若栗冷脆殊常滌渴破醒莫出其右

北墅詩紀

竹窗　高士奇

江邨草堂

江邨者先世姚江舊業也余茲卜居平湖因自然之闤闠不加締構堂廡周環曲房連接前有修竹古樹後有廣池長渠草堂之側牡丹數本花時最佳休閒容膝足便野性也仍名之曰江邨不忘舊云

我家越江滸桑麻自成邨柴扉枕深水煙雨娛朝昏微名苦羈紲三徑嗟徒存初服幸已遂湖曲聊屏喧草堂雖閒寂香霞爛前軒溪翁與巖叟時時叩我門坐談足風月雅集惟雞豚鋤犁我舊業用以長子孫

蘭渚

草堂之東迴廊迤邐有軒三楹俯瞰清池疊石成山小峰嵌竇黃山松數株扶疎掩映幽蘭被谿芳杜帀堦杜鵑兩樹花開彌月又有蠟梅木瓜櫻桃荼蘼周布左右往

來遊處。於此憩息。向愛蘭渚嘉名。遂以名之。

振衣亦有岡。濯足亦有流。我無濟勝具。志願畢一丘。瓦屋敞三間中列圖書。幽小池清可鑑。石勢當谷。淨揮松森屋角。薜荔披牆頭。叢蘭不受露。窅窕深巖秋。攀躋時一憩。其下見游儵。谷故可老身世焉所求。

瀛山館

舊有瀛山館遺址在池南。莫知其始。蘭渚

北墅詩紀　二

數十武。古堂南向。禪閣虛靜。幽室凝邃。堦前梓樹八株。高可數丈。清蔭滿庭。前度石谿。別成丘壑。崖磴巑岏。坦處可坐十餘人。紫薇烏桕。接葉交枝。俯鑑清流。遠觀竹木。層層深隱。睇矚不窮。可以滌煩消暑。墅中佳境此為最勝。瀛山之稱。當之無愧。

高閣俯林杪。別館當其下。交枝翠欲滴。亂蘂紅可藉。層崖雁齒平。小彴虹梁跨。倒影入波心。花光還蕩射。隔溪聳檐檐。竹木自相亞。萬樹間高低。人影出樹罅。逍遙恣遐矚。趺坐日忘夜。樹底來清風。科頭結長夏。

紅雨山房

高子於墅中尤所耽愛者。紅雨也。紅雨者。梓樹落花也。山房地極爽塏。前後梓樹數株。與瀛山相映帶。夏初著花。碧葉紫英。遠近望之。爛如雲錦。詫為異觀。實亦他處所無。微風拂處。隨落隨開。瓦甃苔堦。鋪積數寸。不令園丁除埽。藤榻蕭閒。浹旬吟覽。每

北墅詩紀　三

咏昔人一簾紅雨枕書眠之句。

黃鸝喚春歸。百花開已竟。山房闢芳菲。文梓誇後勁。細幃乍捲燈。茜妝初卸鏡。直幹排青蒼。遠近枝交映。開處曉霞蒸。落時夜雨橫。瓦溝旋盈尺。石鋪紛沒脛。嬝嬝隨風翻。故故與春競。家僮慎勿埽。酒徒且相命。醉倒紅茵堆。擁鼻發狂咏。

花南水北之亭

由山房後闢小扉。轉長廊。度小石橋。有亭跨水。前面修竹。左臨花潭。遊者至此可以

少休茗飲

石徑何盤紆。細流亦回互。孤亭亂竹間。綠影參差護。落花水面浮。俯見羣魚聚。烹茗吸清泉。此焉得小住。

酣春榭

榭在瀛山之西。盈盈隔水。窗櫺三面。遮倚小山。上有海棠繡毬。自瀛山觀之。繁艷迷目。巖葩砌草。更助芳菲。霞旦風宵。清談娛客。樵蘇不爨。酣春而已。

春雨潤於酥。春日濃於酒。剪綵更塗蠟。東皇逞好手。瑣窗三面開。煖氣排戶牖。草色暗拖裙。花光全拂綬。况有浴鷺波。瀲灩新醅厚。宴坐足酣醺。焉用酌大斗。

醒閣

醒閣在酣春榭側。舊有碑石刻陳希夷小像。對岸老木壽藤。垂陰水上。近水堪藏小舟。草屋覆之。世人纏乎名利。皆若大夢未醒。歸來隨地可娛。何妨臨闇。

小閣臨水次。隔岸藤花垂。藤花開三月。紅紫紛葳蕤。濃陰布帷幄。裊裊呈春姿。豈知所緣樹。糾絆成枯枝。碎如人一身。閒散性所宜。無端罣世網。名利交伺之。不繩甘自縛。行樂當何時。茫茫大槐國。悠悠醒者誰。雄飛悔往失。雌伏悟來茲。碑旁推枕起。大笑呼希夷。

泛漾亭

墅中河水環流。幽深曲折。惟亭前瀦為大池。北至問花塢。東至蔬香圃。皆舟楫可通。

五六月時。朱荷出水。炳射朝霞。或斷虹霽雨。蕩漾輕舠。採蓮雪藕。可以超絕世氛。瀛山館。紅雨山房。在池北岸。闌檻相望。秋空月皎。曠朗宜人。葭葦蕭疎。芙蓉澹冶。不異五湖煙水。

濯枝足曉雨。漲痕沒三篙。微風漾鞾紋。寒碧湛蒲萄。荷香來水面。日午清煩囂。散髮亭中坐。碧筒倒芳醪。採蓮自製曲。乘醉移輕舠。

松盤山

當湖地皆平衍。無山可登。竹陰茂密中忽有陂阤岡巒竦疊。登路有二。無攀蘿捫葛之勞。有升高眺遠之趣。其上長松古木皆二百餘年物也。山茶數樹生於崖谷。大可合抱。花時正紅。與蒼翠相映。微風徐拂。謖謖濤聲。仰瞻俯瞰。足以蕩滌塵襟矣。舊名松盤山。今仍之。

小山不盈拳。婉孌瞰平芜。濃陰四環下。海紅當春吐。雨深積蘚斑。風勁長松古。蒼根剝虬鱗。亂葉墮釵股。坐來晨露清。濯濯流金乳。

雪香亭

墅有大梅園小梅園。凡千餘樹。皆古幹可觀。舊有八角樓。在大梅園中。易之爲亭。四檐虛敞。深冬積雪。凍萼將舒。初春晴日。橫枝盡放。時與二三朋舊。攜酒席地。躭攬寒香。心神俱冷。

梅花冰雪姿。高子煙霞相。世外締深交。空山合相傍。繞亭千百株。攫拏老益壯。查牙猛列陣。勢與寒威抗。小蕾壓春榮。晴雪當空颺。迸石還拂水。香海驚浩蕩。月落參斗斜。無言共惆悵。

金粟徑

桂樹數百株。夾植里許。綠葉蔽天。赫曦罕至。秋時花開。香氣清馥。遠邇畢聞。行其下者。如在金粟世界中。

北地擅五株。南禺誇八樹。未若吾園中。金粟繁星布。細路疊石成。縈紆過百步。團陰全障日。壓蘂低承露。天風吹月明。落子不知數。萬斛貯清

香。竊恐姮娥妒。

修篁塢

墅中處處皆竹。自金粟徑折而東上。修篁蒙密。高下成林。梅雨後。新梢解籜。綠粉生香。彌覆川塢。所謂非亭午夜分。不見曦月。每一獨往。幽嘯忘歸。

遶園竹萬箇。長身削寒玉。幽塢更奇觀。斑駁湘潭族。過雨認淚痕。映花搖淨綠。放梢影離離。拔地聲簌簌。清風來四面。赤日忘三伏。遇臘曾手

栽逢辰輙課僕，便可截爲冠。何妨食無肉，千戶我所輕。與子藏深谷。

晚花軒

軒前後多薔薇，其一緣古樹高數丈，老幹蟠虬，細枝婀娜，花開樹頂，紅鮮可愛。一春花事至此將闌，尤當惜而玩之。古人重晚花新笋，有以也。

薔薇開何晚，細纈嬌可憐。蜿蜒上高樹，當軒紅欲然。託身幸得所，攀折誰敢前。封姨慎勿猜，留取供春妍。

秋柯坪

秋柯坪三間如舟船，前臨野水，松桂桐楊楓柏棗柿楊梅石楠之屬，夾布堦墀，隔水林木蕭森，雜蘺蔚蔚，秋蟬春鳥，鳴聲相續，晴初霜旦，丹葉如酡，雖云園圃，想同巖谷。

西風下平臯，衆卉凋華姿。策策園中樹，青青終不移。叢陰入戶牖，紅葉當檐披。逝將保歲寒，豈爲秋霜萎。繞樹日三匝，素心良在玆。

耨月樓

耨月樓本祀花神，亦堪登覽。開窗四望，灌木叢篠，蓊鬱無極。若夫新月初升，頹陽返照，會心者自得之。

千林布濃綠，層樓矗其巔。平遠供眺望，鬱鬱見遐阡。積翠環面面，杳靄凝蒼煙。小窗晚雨過，娥眉吐嬋娟。對影淺深酌，嘯傲同臞仙。

香芹澗

渠水瀏瀏，周墅内外凡三，竹木叢蔭，閒若幽溪。梅雨漲時，泛小舟行遊其間，淺翠嬌青，籠煙惹霧，仰矚俯睇，彌習彌佳。地多水芹菜，以香芹澗名之。

滴滴澗中水，彎環繞陂塘。輕風散萍葉，皎若鏡面光。參差竹柏影，倒映月一方。雙雙浴鷗鷺，拍拍飛鴛鴦。柔櫓破春煙，兩岸流芹香。采摘自盈把，誰羨青泥坊。

抱瓮坡

路廻曲阜，孤亭兀然，境絕荒遠，亦有古藤

紅薔。盤旋老樹。好鳥時鳴。黃蝶上下。余性耽卉木。親爲灌溉。手足稍倦。於此偃仰。雖樂不期歡而欣已永日。

揚子愛一區。皇甫耽十畝。幸全抱甕身。不挂論文口。牛角玩書史。蟹螺足升斗。蓬頭王霸兒。椎髻伯鸞婦。且抑麋鹿羣。何須沮溺耦。千載漢陰翁。忘機眞我友。

蔬香圃

余官京師。取菜根有味意。以蔬香名圃。今

歸北墅。手自攜鋤。督課種蔬。墅中有屋一區。在香芹澗外。盡取隙地栽植瓜菜。甘旨之餘。足娛賓客。昔人所謂士大夫不可一日不知此味。

蘋藻羞王公。葱薤進君子。雖笑樊遲陋。猶勝何肯侈。我無肉食相。樂志在蔬水。年來竊微祿。素餐眞可恥。一卷種植書。探索得妙理。小圃幸未荒。灌畦自今始。早夜忘作勞。吾師楊伯起。

紅藥畦

晚春衆芳皆歇。芍藥始開。繁香艷態。亞於牡丹。縷金勻粉。種類較夥。嚴耕堂西偏別一院落。堦砌下盡種此花。帶雨籠煙。最堪悅目。側有大楓樹。碧葉晶瑩。霜後變赤。足破秋來岑寂也。書室兩曆互相隱映。疊石亦佳。

百花爭好春。芍藥居其殿。縞衣夜月寒。紫袖朝霞絢。髮鬌傾玉盤。斒斕壓金綫。小畦手自疏。昀昀界深院。光搖露臉新。香裊風枝顫。可憐姚魏

姿。蒼苔翳殘片。賴汝續穠芳。那便分貴賤。

逃禪閣

閣踞瀛山館上。四檐虛朗。可以瞰遠。中設西方聖人像。清池皓月。倚戶可窺。稍厭塵囂。即來趺坐。擊磬數聲。焚香一片。足以消塵滌慮。若云留心靜理。則吾不能。

我聞謝靈運。翻經事禪悅。非爲半偈愚。自樂水花潔。飛閣凌瀛山。檐廊縵曲折。金像晃朝陽。綠幢風飄瞥。清磬時一聲。悠然萬慮絕。不用焚栴

檀。花氣勝迷迭。

巖耕堂

草堂之西。疑無徑路。忽由小室宛轉而入。有堂爽朗。舊名醉星。勒石於壁。其事近誕。余先人薄田在姚江之匡堰。愛孟襄陽歸來物外情。負杖閱巖耕句。遂以名堂。平湖無巖谷可耕。而不忍棄其所愛。遂易於此。堂前瘦石數拳。鳳尾竹三五叢。如管道昇橫卷。或曰。此不謂之巖乎。

一勺抱隱居。一葉栖焦螟。所以柴桑老。惟願粟滿缾。我本田家子。計左成乾螢。尚幸深巖下。壠苗環青青。茅蒲課晴雨。仰看箕畢昴。小堂敢嫌窄。差可修農經。

漱晚磯

秋柯坪之西。深篁古木。路阻行難。中有小陂。絕類洲渚。漠漠水田。陰陰夏木。黃鸝白鷺。游泳自得。午睡初足。出釣磯頭。輕儵細鯈志不在魚也。若雪壓寒梢。雲迷野徑。荒涼蒼莽。尤深人情。

斷汊通細流。葭菼風策策。羣鷗朝暮來。眠沙倚盤石。閒居日無事。長竿把六尺。漁山非有求。聊用適所適。晚酌撥春醅。洪醉不延客。解衣臨水坐。一瓢漱寒碧。

漁書樓

典籍圖史。足備考據。邨居不可無。草堂後大樓五楹。背有林塘。叢桂森植。藏古今書帙其中。余年過四十。性漸老懶。不能鉤深

索隱。時取一編。聊以引睡。漁獵大意而已。

我性寡所營。耽情在萬卷。雄誦忘春秋。狂吟屏爐扇。天祿辨陶陰。竊幸窺未見。歸來習懶放。把犁謝筆硯。山樓書連屋。欲展輿還倦。思已乏深沈。說不廢詭誕。安用求甚解。閒情聊自遣。

芙蓉灣

蘆汀葭渚。景物蕭瑟。獨芙蓉臨水。尚含鮮妍。抱堤陂東北。清流數曲。野岸高低。與蓼花雜植。搖風泣露。倍覺憐人。時聞候雁呼

潔秋聲在耳作塵外遐想
溪柳半彫疎渚蓮亦揺落芙蓉笑倚風凌波自
灼爍艷影落瀲灩紅妝鏡中掠紫蓼垂阿那淺
深相間錯木末故可寒秋懷未蕭索

覆瓮泉

當湖無泉多飲河水若乏清甘蔬香園後
古井可以瓢汲井闌爲人所竊覆以破瓮
每當炎暑浴李浮瓜取其寒潔
古井鑿何年寒泉勢可俯甘冽沁齒牙澄清鑑

須宇餅腹細浮花椀面滑流乳公子惜銀牀佳
人牽玉虎覆瓮曾何嫌樸拙我所取

碧梧蹊

蘭渚後碧梧夾道行其下者衣裾盡碧清
露晨流則新枝初引輕凉微動則一葉飄
空墅中在在皆有此地獨多
小橋不厭危曲徑不厭窄繚垣出長松垂垂低
覆額碎石疊魚鱗斷瓦砌龜脊夾路植梧桐扶
疎挺百尺春朝露涓涓秋夜風摵摵葉凝滿院

陰花墮半階白獨行自吹詩微吟緩揩策且可
迎癯僧未許通俗客

菊圃

歲華將晚草木變衰惟菊傲睨霜露秀發
東籬然易蠹難茂瀛山館側覓名品數百
科分畦植之日事培溉秋來花綻如幽人
韻士雖寂寥荒寒味道之腴不改其樂可
爲歲寒交矣
陶公千載後高節難追攀黄花開歲歲心賞誰

人將我圃足數弓幽絕無往還分苗自鄰叟非
種親鉏刪或如鶯羽黄或學錦荔斑一丈抽金
井二寸嬋玉環秋容孰云淡世事了不關豈羨
朱孺子方書事駐顏

蓴溪

蓴惟西湖最美墅後大樓五楹樓後荒陂
林樾周蔽人跡罕到搆湖蓴遍植其中柔
絲縈帶夏初雨過翠滑可羹東南佳味人
多不知也

回溪一衣帶。居然濠濮想。水落喋蝦蟇。漲來没菰蔣。尊根移聖湖。細蔓密排綱。點羹流玉匙。下豉佐觴。北方誇羊酪。直足供捫掌。

問花埠

問花埠。北墅後徑也。門對溪灣。檜檝蒸橈時來停泊。屢度小橋。蜿蜒竹徑。雜花野卉夾路。皆有閒閒雞犬不異桃源深處。遊者於此問津焉。

老懶學避人。山扉終日閉。陰森花木叢。一徑自

幽邃。猛聞剝啄聲。乞枕破午睡。借問客何為。云是問花至。紅船打兩槳。幽伴結三四。載酒攜盤餐。主賓同一醉。但當君往還。莫語劉子驥。

五老石

北墅籬外。有太湖石五。前人欲移置墅中。以門徑隘狹不可入。遂棄岸側。蔓草縈合。與土壤為伍。重洗剔之。嵓竇玲瓏。峰巒岩崿。將輦致蘭渚之右而未能焉。姑命之曰五老石。

性好游名山。匡廬在夢寐。嵓嶤五老峰。登陟願未遂。怪石枕荒陂。鬼斧鑿靈異。才大古難容。磊砢甘棄置。蒙茸枯藤絡。斑駁苔花漬。摩挲輒移日。爬梳疲兩臂。渚旁幸寬閒。隙地可舁致。會當具袍笏。端禮丈人位。

鶴巢

鶴為仙禽。鳴聲清越。直達霄漢。山中尤不可闕。墅有二鶴。晝則飛翔藪澤。夜則歸宿闌檻。有時月明。顧影自舞。舉止聳秀。

雙鶴雲中姿。遐心託萬里。剪翮充近翫。凌霄勢未已。分俸不嫌薄。乘軒笑太侈。一巢寄松根。飲啄傍清沚。長鳴空谷中。對舞月光裏。揚州夢久醒。緱山何處是。我欲披羽衣。相將御風起。

來禽坳

松盤山側。細流如小溪。隔溪地頗凹下。盡種來禽。其果味甜。能來衆禽。一曰林禽。花似北地蘋果。雅艷可觀。籬外野田。春時菜花黃綻。香氣撩人。偶來樹下。倚望田間地

偏性適。亦春游之一境也。
鬱屈度松盤。灌莽紛塞路。碧樹倣層陰。林禽不
知數。結實美且緐。桃紅間柰素。芳甘衆所貪。枝
頭來翠羽。俯啄聲喧喧。金鈴那能護。攜帖臨右
軍。筆力慚疲駑。

北墅抱瓮錄一卷 編修程晉芳家藏本

國朝高士奇撰士奇有春秋地名考畧已著錄此書前有康熙庚午自序乃其告歸後所作北墅者所居別業之名也墅中蒔植花木頗多士奇因取果樹卉竹蔬茹藥蔓之類各疏其形色品狀以爲此編凡二百二十二種其敘錄頗爲詳備

種芋法

（明）黄省曾 撰

《種芋法》，（明）黄省曾撰。黄省曾（一四九〇—一五四〇），字勉之，號五嶽，南直隸蘇州府吴縣（今蘇州）人。自幼聰穎，才思敏捷。明嘉靖十年（一五三一）以《春秋》鄉試中舉，名列榜首，但是後來累舉不第，便放棄了科舉之路，轉攻詩畫及經濟之學。一生交遊極廣，以博洽聞名，在文學、農學、史學、地學等領域皆有精深的造詣，相關的農學著作有《稻品》《蠶經》《藝菊》《養魚經》等。

全書一卷，廣泛徵引古農書中關於『芋』的記載，參考地方志的内容，分『名』『食忌』『藝法』以及『事』四篇，詳細考證了芋的稱謂與種類，增補了南京芋、茅山紫芋、嘉定博羅、香芋、落花生（黄氏誤以爲是芋）等芋的新品種，同時也介紹了芋的食用方法以及注意事項。該書的重點在於總結蘇州地區的『種芋之今法』，涉及選種、藏種、整地、施肥、育秧、鋤治、澆水、移栽、株距、塘土、收穫等技術環節，對之進行逐項闡述，文末簡要追述了種芋歷史。

該書未見單行本，多收録在他人的著述之中，有《百陵學山》本、《説郛續》本、《夷門廣牘》本（題作《芋經》）等。今據明萬曆間刻《百陵學山》本影印。

（熊帝兵）

種芋法一卷　　　吳郡五嶽黃省曾勉之

一之名

芋說文曰大葉實根駭人故謂之芋徐鍇曰芋猶吁吁驚辭也故曰駭人齊人謂之莒孝經援神契謂之莒芋廣雅謂之渠芋葉謂之蔌蘶廣志凡十四等有曰君子芋大如斗魁如杵旅有曰車轂芋有曰鋸子芋有曰旁巨芋有曰青邊芋此四芋是多子有曰談芋魁大如瓶小子葉如散蓋紺色而紫莖其長丈餘易熟長是爲芋之最善者莖可作羹臛肥澀得飲乃下有曰蔓芋緣枝而生有曰雞子芋色黃有曰百果

芋魁大而子繁多畝收百斛種以百畝養彘有
曰旱芋七月熟有曰九面芋大而不美有曰象空芋
大而弱使人易飢有曰青芋有素芋子皆不可食
唐本注云芋有六種青芋細長毒多初煮要須灰汁
易水熟乃堪食爾白芋圓芋連禪芋紫芋毒少並正
爾蒸煮噉之員白連禪又可無肉作羮野芋大毒不
可噉也陶隱居謂之老芋形葉相似如一根並殺人
垂死者飲以土漿糞汁可活本草謂之土芝蜀謂之
蹲鴟前漢謂之芋魁後漢謂之芋渠葉俞縣有百子
芋新鄭有博士芋蔓生而根如鵝鴨卵今有南京芋

煮之可拈皮而食甘滑異於它品茅山有紫芋吳郡
所產大者謂之芋頭旁生小者謂之芋妳種之水田
者爲水芋但廣雅曰藉姑水芋也亦曰烏芋本草烏
芋一名水萍一名槎牙一名茨菰一名鳧茨毗陵錄
謂之燕尾草以其葉如椏也又名田酥狀如澤瀉不
正似芋根黃而小恐自爲一種非土芝之水芋也吉
安錄有乾濕二種濕名水芋乾名黃芋味差劣松志
蘇之西境多水芋以芋魁爲旱芋嘉定名之博羅又
有皮黃肉白甘美可食莖葉如扁豆而細謂之香芋
又有引蔓開花花落卽生名之曰落花生皆嘉定有

之

二之食忌

本草云有毒陶隱居曰生則有毒性滑尤爲服餌家之所忌博物志云野芋狀小于家芋食之殺人蓋歟也家芋種之三年不收旅生亦不可食劉禹錫云十月後曬乾收之冬月食不發病它時月不可食久食則虛勞無力圖經曰食之過多則有損傷唐本云多食動宿冷

三之藝法

種芋之古法氾勝之書曰區方深皆三尺取豆萁納

區中足踐之厚尺五寸取區上濕土和糞納區中萁上厚尺二寸以水澆之足踐令保澤取五芋子置四角及中央足踐之旱則數澆萁爛芋生子皆長三尺一區收三石

齊民要術云宜擇肥緩土近水處和柔糞之二月注雨可種率二尺下一本芋生根欲深斸其旁以緩其土旱則澆之有草鋤之不厭數多治芋如此其收常倍

崔寔曰正月可菹芋

家政法曰二月可種芋

務本新書曰芋宜沙白地地宜深耕二月種爲上時相去六七寸下一芋芋羞三目衆人來往眼目多見并閙刷鍋聲處多不滋胤比及炎熱苗高則旺頻鋤其旁秋生子葉以上壅其根霜後收之又云區長丈餘深闊各一尺區行相間一步寬則透風滋胤

物類相感志江湖所生土芋磊塊自實若天雷頻則多生若耕種欲取不得名之若呼芋字則逡巡不見矣

種芋之令法十月收芋子不必芋魁恐妨囓食但擇旁生圓全者每畝約留三千子搖地尺五寸窖藏之

上覆以土若不藏經凍則疎壞無力矣至開春地氣
通可耕先鋤地摩塊曬得白背又倒土以曬二三次
去其草每畝用圊糞二十擔勻澆候糞入土即再鋤
轉否則糞見日而力薄臨種下水之後再下豆餅五
斗清明後下秧秧田種田皆宜加以新土和柔之否
則蒔插硬礫損子秧田鋤過曬得白背車水作平出
所窖芋子有芽者以芽其上無芽者以根在下密布
田中以稻草蓋之日曝其芽蔓瘁日澆水一次或隔
日亦可待芽間吐發三四葉長二三寸即可種矣葉
多而太長則種之必盡落故葉而重吐發是爲失時

種時相去一尺八寸下一芋子或一尺六寸種必在小滿前種後肥土必沫沸定去其草乾一二日其根乃行不乾則根腐黃而不生乾至小小土圻卽上水若大圻則乾壞矣常常使潤澤種時以陰天乃爲佳至七月乃壅壅法在芋子四角之中掘其土遍蔽皆肰壅在根上則土緩而結子圓大霜後起之芋魁每千可鬻白金一兩芋妳千斤可鬻白金一兩五錢田之有瓦礫者不可種凡種二歲必再易田不然則不長旺所易之田種禾仍佳

凡種旱芋於二三月間往杭州買白者方是須求鬆

土淺耕下秧俟秧出復耕地懸開三四寸種後以土厚壅其根日溉之以水糞苗長不必糞則旁生小者尤多於水芋

其種就留於地冬閒覆以稻草至明年二三月間起曬乾再下秧復如前種

四之事

史記卓王孫曰岷山之下沃野下有蹲鴟至死不飢蹲鴟者大芋也

左思三都賦所謂蹲鴟之沃則以爲濟世陽九是也

袁安爲陰平長時年飢租入不畢安聽使輸芋曰百

姓飢困長何得食穀先自引芋而食
薛包歸先人塚側種稻芋稻以祭先芋以自給
李雄克成都衆甚飢餒乃將民就穀于郪掘野芋而
食之
列仙傳曰酒客爲梁使烝民益種芋三年當大飢卒
如其言梁民不死
齊民要術曰芋可以度饑饉度凶年今中國多不以
此爲意後生有耳目所不見聞者及水旱風蟲霜雹
之災便能餓死滿道白骨交橫知而不種坐致泯滅
悲夫人君者安可不督課之哉

種芋法一卷止

筍譜

（宋）釋贊寧 撰

《筍譜》，（宋）釋贊寧撰。贊寧，僧人，俗姓高，德清（今屬浙江）人，出家於杭州龍興寺，卒於宋太宗至道二年（九九六），謚圓明大師。此書是中國最早的一部竹筍專書，《宋史·藝文志》『農家類』著錄。

全書一卷，共分五目。『一之名』部除列舉筍的别名之外，還記述栽培方法。『二之出』部記全國各地所産九十八種筍的名稱、形態特徵；生長特性、産地、出筍時間等。『三之食』部記各類筍的性味、補益及調治、加工保藏方法。

該書版本主要有《百川學海》《唐宋叢書》《山居雜誌》《説郛》等。今據南京圖書館藏《百川學海》本影印。

（惠富平）

筍譜

吳僧　贊寧　撰

一之名

筍者竹之萌也竹根曰鞭鞭節之間乳贅而生者竹屬兼草而木偕少陽之氣歘故初種根食土而下求乎母也

母水也而潤下得水而生也

及擢筍冒土而上愛乎子也

子火也而炎上鑽竹而生火也

皆自然之性也竹盛高平之地黄白息壤即是所宜

也

得山阜良下田傷水則死矣

凡植竹正月二月引根鞭必西南而行

負陰就陽也

諺曰東家種竹西家理地謂其滋蔓而來生也其居東北隅者老竹也老種不生生亦不滋茂矣宜用稻麥糠糞之不可曉沃植之開坑深二尺許覆土厚五寸除瓦石軟柔之土爲嘉大抵竹八月俗謂之小春熱欲去寒欲來氣至而涼故曰小春往往亦有花草有荅竹得是氣也根伸而達亦謂爲鞭行鞭頭爲筍俗謂之僞筍

言僞者音訛也二筍也亦如花再生花也二果

二葉亦同也

今吳會間八月鄉人往往掘土採鞭頭爲筍向市而鬻然終傷損春筍而且害竹母凡百穀各以其初生爲春熟爲秋若筍以鞭行時分芽露白月爲春

始生也用夏正

及乎外苞內實冒土而生當二三月爲秋

爲成熟時也然有四時之筍則春秋不定也許愼說文云竹冬生也

釋草云筍竹萌郭璞注竹初生也孫炎云竹初生曰萌生謂之筍詳孫之說始冒土者爲萌萌芽也生長挺挺然爲筍也尚書孔傳筍篛竹也詳孔之說篛竹白篛也白篛之類越多爾雅說芙蕖莖下本蔤郭注

一名 詰

曰蒻莖下白亦可〕

蒻在泥中也周禮說蒲菹亦蒲之蒻也謂蒲始生取其中心入地蒻大如匕柄正白噉之甘脆也凡草木有白蒻嫩而堪食者皆曰白蒻也今孔安國曰蒻竹爲筍已過爲竹未勁故謂爲蒻竹也合言竹之蒻蒻即見白也所言蒻者幼弱也加草者簡濫也箈箭萌郭注萌筍也周禮箈菹鴈醢箈菹即以箭筍鹽藏爲菹實於籩豆中也蘿蘆筍也爾雅菼薍其萌蘿郭注江東呼蘆筍爲蘆蘿然則萑葦之類其初生者皆名蘿也如是者只有多名也

一名筍

生成謂之筍

一名萌

初生謂之萌言絶筠也

一名筠竹

土内皮中謂之筠也

一名箈

筍竹萌即會稽箭筍也

一名蘿

蘆葦之初生總名蘿萌今沙岸潮濤汩漱蘆葦叢亂根露白皙然濯而食之味甜且脆詳蘿名芽也今江東人言蘿芽之事是也

一名竹胎

出説文然筍芽之時卷葉左右重重然旋露節而實終露外際籜苞裹而生堅勁爲竹故謂之

竹胎也

一名竹牙

即牙目之牙也

一名茁

謂竹萌初生茁茁然故殊方音訓之名也

一名初篁

初始也篁竹也見梁簡文帝集

一名竹子

張華神異經注子筍也

前之諸名别同異分少長也厥狀可尋而識也字體

說文云凡竹屬皆從竹今筍上形下聲或作笋悉

通蓋旬尹聲相濫耳

二之出

周易震主蒼筤竹所生蒼筤筍若然者既得木少陽之氣而弱亦負陰而就陽爲草則勁而彊耳

周禮揚州之利竹箭亦有篡蒻之別名矣舉成數實物也惟筍竹萌也皆四月生也

此據洛陽土中嵩少之間四月方生及秦隴終南皆四月生也

笆竹筍

八月生盡九月成都蜀地有別受氣類一云笆竹而竹與筍俱有刺芒也

鄧竹筍

長節而深根筍冬夏皆生鄉人掘土取筍廣志

作箘竹可作屋椽山海經同也

箭筍

十二月生會稽以來諸山絶多或叢生或蔓延可如節大長三四寸

䈄䈝筍

自甌越以南七月生至八月盡

鷰筍

錢唐多生其色紫苞當其鷰至時生故俗謂鷰筍

天目筍

五月生盡六月其筍色黄出天目山端午後方採鬻早歲則無

竹王林筍

漢武世一女浣於勝水見竹節隨流近女子推去又來聞有音聲持歸破之得小兒男也及長以竹爲姓立以爲王其竹棄之於野化生成林其筍容容冒土南地熱其筍多冬生

桃竹筍

涪陵相思崖生此竹昔有童子在崖下吹竹神女見悦之投以桃竹釵童子報之以簑令桃枝與竹皆生崖畔其筍生亦柔弱有異因號崖爲相思也

孤竹筍

襄陽薤山下有孤竹三年方生一筍及筍成竹

竹母巳死矣代謝如春秋焉又周官曰孤竹之管孫竹之管陰竹之管鄭注曰孤竹特生者孫竹根之末生者陰竹生山北者今詳孤竹特生獨生筍者即子母不相同孫竹根鞭生筍者陰竹山北引鞭晚生筍者也

旋味筍

一名苦蒲筍福州南一日程多生苦竹春則生筍鄉人煑食甚苦而且澁及停久則味還可食故曰旋味筍

簝竹筍

出交阯其爲竹也實中勁彊有毒彼土人鋭以刺虎中之則死筍亦肉實

桂竹筍

山海經云桂竹甚毒傷人必死戴凱之竹譜云同山海經今未詳桂竹狀貌筍亦難識今恐篥筍異名實也䉙堅不同此例然䉙與篥信譜而録即應今可食者早晚桂筍所以不同也

葸竹筍

生海畔山而竹與筍悉有毛傷人則死泊船海嶼慎勿取毛筍食又有徑箭同此毒廣志云葸竹堪作笛既有毒豈可作笛此同名而殊實也

䈽竹筍

竹本根長千丈斷節爲大船生海畔山其竹萌可數丈猶爲筍也

簩竹筍

其竹皮薄而空多大者徑不過二寸皮上有麤澀文可爲錯鑢物并爪甲利於鐵作者若用久鈍則漿水洗還復快利其筍無肉今詳微多毛猶或殺人豈況麤可鑢筍皮亦澀理而可食乎

一云簩竹一枝百葉有毒

篠簜筍

尚書曰揚州厥貢篠簜孔注云篠竹箭簜大竹禹貢揚州任土或曰今揚州絶少篠簜竹箭也爲矢者臨川會稽爲良非也曾不知夏禹時揚州土疆南極交廣皆一分墟近代分撫越也箭箭易識簜筍名詁訓故未詳

⿱竹亘筍

七月生至十月間縉雲以南多出然味苦而節踈筍可大於箭筍少許山人採剥以灰汁熟煑之都爲金色然後可食苦味減而甘食甚佳也

⿱竹僕筍

出溫處建以來竹如苦竹長節而薄可作屋椽筍則春生可食

釣絲竹筍

南越多之竹本大如鼓形上節漸小高三四丈者若釣絲然筍下廣上銳味甘可食發病

木竹筍

今靈隱山中亦出中堅亦通小脉節内若通草

中也筍堅可食今人採竹作杖可愛或與䈂同類耳

邛竹筍

出蜀中臨邛故曰邛竹其筍春生羅浮山記曰邛竹本出邛山張騫西至大宛所得歸而此山左右時有之鄉老多以爲杖今羅浮山有筍生又早時候與蜀不同其竹節橫出中間練杵形爲杖如木刻竹筍中實食美山海經云龜山扶竹注筇也節高實中扶也名之扶老行也與扶竹並節者不同

赤竹筍

出閩中大者如椽堪作彈織箔扇筍不毒

衛丘竹筍

山海經云衛於山丘南帝俊借音舜字竹林在焉大可爲舟郭注云舜林中竹一節可以爲船筍可知矣

盧竹筍

其爲竹也葉闊而利可用割物實箸類也筍苦亦可食出盧州

對青竹筍

竹則一邊青一畔紫二色相映可愛筍萌可食出成都近孟昶據蜀作對青竹亭焉

慈母山筍

丹陽記江寧縣南慈母山竹可以爲簫管王褒

洞簫賦所稱即此也其筍圓緻異於餘處自伶
倫採竹嶰谷其後惟此簳見珍俗呼鼓吹山常
禁伐者筍則三月生可食

鍾龍竹筍

戴凱之竹譜云此竹伶倫所伐也其筍生可食

漢竹筍

譜云大者一節受一斛小者受數斗可爲㷭榼
其筍一節可受二三斗味雖甘而澁

利竹筍

其竹蔓生若藤蔓屬實中而堅韌筍隨竹蔓而
生亦實韌也

簢筍

爾雅云簢筡中郭注其中空今詳竹皆空中或自根至梢空中則無節竹也疑簢竹一名筡中一云其中叓曰筡可以爲席如此者則其竹内隔叓與常竹不同故云筡中爲筍嫩而節叓薄也

鄰竹筍

爾雅郭注堅中謂貞實與平常竹不同筍味同

木竹筍

雲母筍

郭義恭廣志云雲母大竹也其筍亦相稱

箘筍簵筍

伊二本竹生荆楚間尚書荆州厥貢箘簵孔注

箘簬美竹也出雲夢之澤三國常致貢焉天下稱美蓋堪爲矢大者爲筆本毋旣曰美竹厥萌可曰美筍也

篿筍

廣志篿竹皮青肉白如雪軟韌可爲索笮或從草從竹不定其筍皮青而筍肉皆白王子年拾遺記有篿竹作簫

少室竹筍

河圖曰少室之山大竹堪爲甑器其筍長偉堪食

渭川筍

史記曰渭川千畝竹其人與千戶侯等今詳史

記舉其本而不言筍筍利𥚃人厥富可儕等王侯也筍晩四月方盛

鄠杜竹筍

漢書曰秦地有鄠杜竹林南山檀柘號陸海也鄠杜多竹而勁小西夏結乾筍豈不是乎

鏞竹筍

出廣州此本竹絶大内空容得三升許米交廣以來人將此作升子量出納其内出黄可療風癇疾名天竹黄案竹黄名天竹言此竹大也亦猶天麻天蓼言天大如云雀麥鼠莧言小也或曰天竺之竺非也詳其竹亦療風筍功可見也一說竹黄是南海邊竹内塵沙加於竹凝結成

致竹兼筍皆療風疾

相迷竹筍

生廣州已來竹狀與鏞竹少異其洪長亦同內空生黃堪作丸筍減鏞筍少分

桃枝竹筍

其竹勁直柔弱可爲篾爲席尚書顧命竹席是也其筍叢生其皮生毛聚蟲蟻而不可食人觀此竹是處有之王彪之閩中賦亦見矣

新婦竹筍

出武林山陰其竹圓直韌可爲篾筍則三月而生可食

筀竹筍

竹譜曰筀竹似桂而概節其筍可食

簞竹筍

沈懷遠南粤志曰博羅縣東蒼州足簞竹既大薄且空中節直二丈其直如松詳其竹直二丈猶爲筍而可食

雞頭竹筍

竹譜曰雞頭竹似篁而細筍亦可食堪茹

斑竹筍

博物志云舜死二妃淚下染竹成斑妃死爲湘水神故曰湘妃竹詳其筍脱其殼乃爲翳竹方生斑筍不可食

篃筍

竹譜云篔竹江漢間謂之竿𥳝一赤數葉葉大如履可以作蓬今詳葉如履即王彪之閩中賦云湘箬也其筍亦不大止是箬葉異諸竹耳又此竹與鄖竹同也

篔簹筍

曹毗湘中賦云其竹則篔簹今詳其筍亦洪大竹節長四尺

沛竹筍

神異經云南方荒中有沛竹其長百丈圍二丈五六尺厚八九寸可以爲大船其子美莨而食之

白烏筍

湘中有此竹生是筍見魏曹毗賦又有實中竹即有實中筍簩屬也

魚腸竹筍

梁簡文脩竹賦中見魚腸雲母之名曰映花靡等今詳魚腸爲名必像實而作其竹細而屈筍亦可以識矣

篁筍

八月生筍止十一月竹閫温已來多節踈鄉人候柚長成竹梢弱正月時便斷之以火燎之逐重起之可爲條而柔韌謂之竹麻泉州已去路傍多生彼土人取逐節可八九尺竪搽之青皮纔爆內白肉便爲麻即不見火謂之麻竹南中

轉高長節踈其筍皮黑紫色其心實人取細切鹽漬少頃以漿水漬再宿瀝乾餅藏泥封謂之筍笴此亦古之筍菹也笴義未詳

洋摩筍

嶺表録云桂廣皆殖大若茶椀竹厚而空小一夫止擎一竿堪爲茆屋椽梁柱其種者欽其竿每截二尺許打入土不踰月而生根葉明年長芽筍不數歲成林其筍南人亦藏之爲筍笴

簕竹筍

嶺表録云其竹枝上刺南人呼爲簕自根橫生枝條優轉如織雖野火焚燒只燎細枝嫩條其筍叢生轉復牢密邕州舊以爲城蠻蜒來侵竟

不能入

羅浮筍

羅浮山貞元中有人遊第十三嶺見巨竹有三十九節二丈餘圍筍甚臃直

雲丘帝筍

竹譜云帝陵上所生竹一節可以爲船筍六如本

匾竹筍

匡廬山中多其筍初冒土便匾薄及成竹匾而長令諸山中是處皆有之

䉲簩筍

左思吳都賦曰竹則篔簹䉲簩令詳其筍可食

䈊筒筍

見吳都賦吳越有之筍可食

䈴篔竹筍

竹節踈而筍可食也

䈏竹筍

其竹實中籓屬見吳都賦中筍堅大可食䈏出韶州徑五六寸中爲弓弩筍堪食自秋生至于冬末春即不生矣

筋竹筍

天台圖經云五縣皆有言其竹韌也日南九真灸生可作彈弓絃也

䉔傷筍

竹大者五六寸圍長二丈其中實滿筍至四月

巳後方出味甚美

狗竹筍

寧海巳來多三寸圍節間有毛筍三月生可食

諸邑皆有之

筀竹筍

今春二月巳去吴越多生

扶竹筍

今武林山西舊謂雙竹院中所産脩篁嫩篠皆

對抽並脩相傳云兹竹自永泰巳來有之馮翊

嚴諸爲其記王子敬竹譜云會稽箭竹錢塘扶

竹蓋此雙竹即扶竹也譬猶東之地産桑兩兩

並生謂之扶桑矣今詳是竹爲筍便有合歡貌並出愚曾著扶竹賦

慈竹筍

四月生江南入多以灰煑食之其爲竹也內實而節疎性弱而可代藤用其形緊而細又斷黃生叢竹一叢數竿筍不外迸只向裏生如多只可刪科內五六月長筍明年方成竹其筍不堪食

玳瑁竹筍

薛翊異物志曰弓竹似觔藤斑駁如玳瑁其筍脫殼而微有斑文也

龍牙竹筍

出永嘉大羅山其竹長四五尺稀節人取必有
大風雨雷雹人下山則止近故節惠公令取種
遇風而止其筍則春二月生也
棘竹筍
竹譜曰其筍味肥食之落人鬚髮
篻竹筍
齊民要術云筍無味
雞脛竹筍
食之肥美
檳榔竹筍
見杜臺卿淮賦
毛竹筍

出武陵洞口人斫竹隨生土俗云僊人入洞故生此竹以隔浮世也

篁竹筍

疑其狀類字或是笪竹筍皆無味

由梧竹筍

南方草木狀云由梧竹民間種之長百尺徑一尺八九寸交趾入作屋柱筍澀不可食

方竹筍

出澧州西游川鐵冶辰山之陽其筍甍方二寸已來彼封入多爲臺卓衣架等其筍硬不堪食其竹節平其性堅其心實

丹竹筍

出道州瀧中峭壁之上竹每節可一丈或八尺徑不大裊裊揺空粉節上似有丹色心空肉薄舟人多劈爲百丈繂

毛斑竹筍

出蘄州初伐竹即無斑以灰汁洗之即斑見彼人多作簾席或笛管筍絶不堪食與二妃祠者不同矣

沙麻竹筍

南粵志中此竹人削爲弓弓似弩也或曰蘇麻竹或云麤麻竹此疑與斯摩同耳若斯摩筍一人只可擔兩莖耳亦堪爲筍笴

白竹筍

連州抱腹山多生此竹莖徑白節心少許緑彼土人出筍之後落籜撒梢時採此竹以灰煑水浸作竹布鞋或搥一節作箒謂曰竹拂若貢布一疋只重數兩也

匾竹筍

出廬山莖匾傳云釋惠遠使鬼神號辟蛇行者捻此竹爲匾竹筍出皆匾堪食之

拂雲箒竹筍

出廬山莖大如指竹杪細葉密翠如箒彼人採爲方物贈人謂之拂雲箒作纖長也

雙梢竹筍

出九疑山第二重麓臺側筍長獨莖及生枝葉

即分爲兩梢葉密而細亦謂爲合歡竹與象扶
桑者少同

篠竹筍

出襄州卧龍山諸葛亮祠中筍堪食甚美漸長
長百尺只梢上有葉土人作幡竿承落

木竹筍

韶州多生成竹一莖如萬歲藤一節長四尺無
花而實實如草豆蔻土人鹽之爲果實筍初生
時礧磈然不堪食與今吳會間木竹筍　如筍
食美而甘味不同

水竹筍

出黔南管内或巖下潭水中生其筍隨水深淺

以成節若深一丈則筍出水面爲一節欒蜓採取以爲食

古散竹筍

節似馬鞭葉似桐樹而小皮似栟櫚柔韌筍亦堪食

秋蘆竹筍

其竹似蘆身如荻蔗冬天不凋挿枝如生筍可食也

鶴膝竹筍

竹狀節下大小似苦竹而閩中土人呼爲槌竹亦堪作柱杖詳此同節竹也筍可食

石燈竹筍

一名篻簩生閩中竹似石而小吳都賦曰篻簩有叢筍可食也

合歡竹筍

出南嶽下諸州山溪間郴州最多其筍初生合歡形勢及成竹也或三莖合或兩莖合斷其間有竅竹皮或斑點文僧斷作針筒用也

紫竹筍

成都府人家庭心多芭叢而生其色沉紫可愛抽筍且稀心實筍不宜食

月竹筍

竹狀輕短叢生每月抽筍謂之月竹筍如箭竹萌人不食也

三稜竹筍

其狀若椶櫚葉莖柄三脊然筍細初抽川中人家竹林中忽有云吉兆也

三之食

李績本草云竹筍味甘無毒主消渴利水道益氣可久食又陳藏器云諸筍皆發冷血及氣不如苦筍不發病令詳諸說皆冷久食亦發風苦筍冷毒尤甚陳說非也以親驗爲證諸筍以豉汁漬之能解酒毒又本草云淡竹葉味辛平大寒主胷中痰熱欬逆上氣又董竹吹苦竹淡竹甘竹葉又實中竹並以筍爲佳是知筍食去前病當葉根茹一半明矣若丹石熱渴煑淡竹根汁以療之筍汁亦可除丹砂毒嘔逆氣

鬼氣可取筍中酒服之謂糟中筍節中水也最上小兒嘔吐又食葉桂等筍或中葉桂之刺毒發唯草犀根能療之草犀解諸毒生嶺南及睦婺洪饒閒生苗高二三尺獨莖對葉根如細辛生研服之以功如犀故名草犀陳藏器云也次則麻油薑皆殺筍毒凡食筍之要譬若治藥脩練得門則益人反是則損採筍之法可避露日出後掘深土取之半折取鞭根旋得投密竹器中以油單覆之勿令見風風吹旋堅以巾紛拭土又不宜見水含殼沸湯瀹之煮宜久

按煮筍實可一周時已熟或見生水還重煮一周時

驗知筍不可生生必損人苦筍冣宜久甘筍出湯後

去殼澄煮筍汁爲羹茹味全加美然後始可與語爲
食筍者矣此外不足筭也
　不然蒸最美味全煻灰中煨後入五味尤佳
採筍一日曰蔫二日曰簽見風則觸本堅入水則浸
肉硬脫殼煮則失味生著刃則失柔採而停久非鮮
也盛而苦風非藏也揀之脫殼非治也淨之入水非
洗也蒸煮不久非食也筍萌之味或甘或苦甘則脾
藏食苦則肝藏食原其本性實酸蓋本性也食甘多
則損脾而逆胃何耶竹實少陽之氣終尅於脾土也
食苦多則補肝而助膽何耶與肝同類木也二味都
利大小腸
民間有煮苦筍才入出水自貽伊毒竹肉一周

時臨熟爲水瀹食可以皮膚爆裂若筍與竹宗
同氣而降一等也
一說滑利大腸無益於肺也俗或謂之刮腸篦是也
凡物過度而食益少而損多豈止筍耶殺筍之壽矣
蜀薑麻油如竹叢欲敗以油滓沃明年則凋踈矣
葅法周禮云如豆之實筍葅魚醢注箈箭萌筍竹萌
今詳鄭注不言葅法如南人筍笥是也此又藏法鹽
出水後加鹽糯米粥藏可以過暑月到無筍時食暴
藏或鹽酢而已如蒲葅亦爾古加于豆籩中以享賓
客用薦鬼神也
鮓法煮用鹽米粥藏之加以椒辛物或炒熟油藏爲
醢食極美矣

藏法食經云淡竹安鹽中一宿煮糠令冷藏之再出別煮糠加鹽藏之五日可食

生藏法將陶器一口可受一石者選肥筍覆之密泥塞之勿令風入到無筍時揭器則宛轉器中取其弱處剪之勿令見風入湯便瀹後方脫皮一將筍截其尖銳用鹽湯煮之停冷入瓶用前冷鹽湯同封瓶口令密後沉於井底至九月井水暖早取出如生可五味治之而食

乾法將大筍生去尖銳頭中折之多鹽漬停久曝乾用時久浸易水而漬作羹如新筍也

脯法作熟脯捶碎薑酢漬之火焙燥後盎中藏無令風犯

會稽箭笋乾法多將小笋蒸後以鹽酢焙乾凡笋宜蒸味全今越箭乾爲美唉也

結笋乾法秦隴巳來出笋纖長土人用土鹽鹽乾結之市于山東道浸而爲臛菜甚美

取麻法南方作踈作扇作鞋取篁竹麻竹當其正月新竹上表獨是笋下巳成竹逐節斷重重起巳入湯煑柔韌作績纖踈作鞋隨意可也

四之事

竹之與笋蓋草木中之殊名親屬一物則其根蘖密而堅其莖心空而直其枝背戾而裊其葉玲瓏而繁貞而不剛柔而不屈居天下之大端貫四時而不易葉蓋得氣之本也是故君子愛之壯者謂之竹弱者

謂之筍厥譬毋子馬少慕長馬言其濟人之利博矣

歷代文士名而志之久則滋蔓以廣於後

神農	周成王	周公
尹吉甫	子夏	莊周
列禦寇	漢高祖	東方朔
張平子	馬援	漢欒安相李尤
魏侍中王粲	王子年	晉潘岳
左太冲	王宣	葛洪
陸雲	丘道護	吳孟宗
王彪之	郭璞	劉殷
丁古	木玄虛	江逌
戴凱之	劉虛哲	沈道虔

何隨　齊陳后　明僧紹
王儉　梁簡文帝　劉孝綽
范元琰　梁元帝　宗懍
陳江摠　陰鏗　蕭大圜
杜臺卿　北齊蕭慤　唐楊師道
李淳風　道士吳筠　段成式
白居易　陳藏器　釋志徹
陸龜蒙　劉恂　夏侯彪之
沈如琢　梁高祖　林諝
何光遠　程崇雅　范旻

神農本經中竹筍味甘主疾等居李英公本草同而廣令詳神農作本經非也三五之世朴略之風史氏

不繁紀錄無見斯實後醫工知草木之性託名炎帝耳

周成王將崩命召畢率諸侯相康王作顧命篇云敷重筍席玄粉純席仍几孔注筍竹云私宴之坐故席机質飾也說筍席者多或云以筍竹爲席今詳筍竹筍新成豈堪起而爲篾非篾安能織席此恐不然知用筍皮殼破而編簟也故尚書正義云取筍竹之皮以爲席是也其正義中不取筍皮皮短故連言筍竹之皮即筍成竹時其皮長而勁可破織席明矣若取筍竹破以爲篾而織者即同前篾席也今尚質取筍皮織也一云如取長節筍新成竹者起皮亦通而織但弱脆耳亦異前篾席此合質素之義也

周公作周禮云加豆之實筍菹魚醢鄭玄注凡菹醢皆以氣味相成其狀未聞箈菹鴈醢注箈箭萌尹吉甫作韓奕詩以美宣王能錫命諸侯其三章韓侯出祖顯父餞之曰清酒百壺其殽維何炰鼈鮮魚其蔌維何維筍及蒲

子夏作爾雅云筍竹萌簜箭萌等按張揖諸儒説周公作釋詁以訓成王一云子夏作釋訓叔孫通作釋言今云皆子夏作前三篇後諸篇續加糅罔知也如言昌歜豈可新制禮以諱事鬼神自犯父名而能訓子姪耶金縢云惟爾元孫某不言發是也郭璞云興於中古而注張仲周宣王時賢臣自爲亟矣陸羽説茶引釋草而列周公非也今筍列子夏亦未全是不

知釋草木何人作且引卜商爲是
莊子説萬物皆出於機皆入於機一氣萬形有變化
云爲死生互質者也故曰羊奚比乎不筍久竹生於
青寧
列子云羊奚比生乎不筍久竹生青寧文意同莊子
漢高祖爲亭長乃以竹皮爲冠令求盜卒往薛縣治
冠應劭注以竹始生皮作冠令鵲尾冠是也薛魯國
縣有竹冠師故高祖令往修治舊冠也賤而冠之及
貴常冠所謂劉氏冠是也
東方朔著神異經記周巡天下所見山海經所不載
者列之雖有而不論者亦列之説沛竹可以爲船其
子美苦而食之可以亡創癘張茂先注子筍也惡癘

創也
張平子作南都賦述南陽光武舊都也云春卵夏筍
秋韭冬菁
東漢馬援至荔浦見冬笣筍上言禹貢厥包橘柚疑
謂是也
漢樂安相李尤字伯仁作七疑云橙醢筍葅
魏侍中王粲作釋云越鱎涼拘全筍葅菁
王子年拾遺記云蓬萊山有浮筠之簳葉青莖紫子
如大珠有青鸞棲其上下砂礰細如粉暴風至竹條
翻起拂細砂如雲霧仙者來觀戲焉風吹竹折如鐘
磬之音竹既如彼今詳萌謂仙筍矣
潘岳爲河陽懷令頻宰三邑勤於政績爲尚書郎延

尉評免官作閑居賦云青筍紫薑接筍不過縹綠賦
言青筍令是處竹萌多作青綠色非青碧色也
左太冲吳都賦云苞竹抽節徃徃縈結注苞謂筍苞
皮抽節謂長也
王宣居宇堂前有筍兩莖一日盜折而亡宣顧而不
言
葛洪云吳景帝時戍將廣陵發一塚有人體如生人
共輦出死人懷中頹然出筍
陸雲字士龍爲性喜笑笑林云漢人有適吳吳人設
筍問是何物語曰竹也歸煑其床簀而不熟乃謂其
妻曰吳人轣轆欺我如此
丘道護誄■道士曇諦曰梨柚鷹甘蒲筍爲歎

孟宗字恭武江夏人爲性至孝從李肅學其母爲作厚褥大被人問其母曰小兒無德致客學者多貧故與爲廣被庶可氣類相接讀書不懈及長爲朱據軍吏將母在營既不得志遇夜雨屋漏因泣以謝母母勉之遷吳縣令在官得物未寄母不先食及母卒母性嗜筍冬節將至宗乃入林哀泣筍爲之生得以供祭

王彪之作閩中賦曰竹則苞甜亦苦縹箭班弓負當函矢桃枝育蟲緗箬素筍彤竿緑筒

郭璞字景純博物多識世謂無比作爾雅箈箭萌注云筍周禮箈菹鴈醢又作菼薍其萌虇注云今江東呼蘆筍爲虇虇音繾綣之綣

晉劉殷年甫九歲孝性自然爲曾祖母冬思筍殷泣而獲供饋焉

丁固仕吳性敦孝敬母嘗思筍因遂泣竹生筍母子俱大賢位至封公貴極人望

木玄虛著四明山記云雪竇山北嵓生石乳其峯非人可升有毛竹銀筍詳其毛竹自生毛筍若銀筍即銀鑛如筍然如池州山穴曾有縣因人下窺至一百餘尋後見洞明煥遂手摹之得三數莖疑是此耶或云毛竹筍白如銀未詳

江逌作竹賦云望春擢筍應秋發堅

戴凱之作竹譜搜括竹類言有六十一焉筍類附在此也又云篕簩竹大如脚指蟲食其筍皮類繡甚可

愛
宋劉虚哲性孝謹母疾篤禱祈備徧夢一黄衣翁曰汝可取南山竹筍食之病立瘥驚覺俱依夢采南山竹筍饋母食之病愈
宋沈道虔人有拔屋後筍令人止之曰惜此筍欲成林更有佳者相與乃令人買大筍送與之
何隨華陽國志云人有盜其園筍隨見挈屐而歸恐盗者見也
齊孝宣陳皇后性嗜筍鴨卵永明九年詔太廟祭后薦筍鴨卵云
齊王儉贈高士宗測蒲褥筍席
齊明僧紹字眞承隱江東攝山齊太祖謂其弟慶符

曰卿兄高尚朕雖不相接時通夢中焉遺紹竹根如意筍籜冠太祖聞紹出遊定林寺囑沙門僧遠欲相接竟不諧永明中徵不就而卒

梁簡文帝七勵云澄瓊漿之素色雜金筍之甘菹又春晚賦云望初篁之傍嶺愛新荷之發池

梁劉孝綽謝建安王餉米等啓傳教李孟孫宣敎旨垂賜米酒瓜筍菹脯鮓茗至味芳雲杜潭抽節等

范元琰家有竹園每人見盜筍苦於過溝元琰伐樹爲橋與盜者過盜人感其情而息意不盜

梁元帝賦得竹詩曰作龍還葛水爲馬向并州柯亭臨絕澗桃枝夾細流冠學芙蓉勢花堪威鳳遊略諸句冠學芙蓉勢亦筍皮冠也

梁宗懍作荆楚歲時記云五月民並斷竹筍爲糉楝葉插頭五絲繫臂謂爲長命縷

陳江總歲暮還宅詩云悒然想泉石驅駕出中臺翫竹春前筍驚花雪後梅

陳陰鏗侍宴賦得竹詩曰夾池一叢竹青翠不驚寒葉醞宜城酒皮裁薛縣冠今詳陰鏗用漢高祖往薛縣治筍殼冠也

隋蕭大圜竹花賦云洛下七賢湘中二女傾翠蓋之踟蹰泛蓮洲之容與倜儻傲人便娟笑語拊嫩筍以含啼顧貞筠而命醑

杜臺卿作淮賦云緑筒縹箭罕節疎目檳榔之筍盛冬所育

比齊蕭殼作春庭晚望詩曰春庭聊縱望春臺自相隱窻梅落晚花池竹間初筍泉鳴知水急雲來覺山近不愁花不飛只畏花飛盡

唐楊師道春朝閑步詩偃沐乘閑豫清晨步北林池塘藉芳草蘭蕙襲幽衿霧中分曉日花裏叫春禽野逕香恒滿山階筍屢侵何須命輕蓋桃李自成陰

唐李淳風撰占夢書云夢折筍得財象也夢竹生筍者欲有子息也或云周公占夢按周禮說六夢外故無委曲而言今言李淳風亦恐非也何則言詞淺近妄說周禮之名此且附李下耳

道士吳筠著竹賦云一筍明其亂嗣三節獲乎嬰兒

段成式者唐相文昌之子著酉陽雜俎云張芬曾爲

南康行軍曲藝過人力舉七尺碑趯鞠高過半塔彈
力五斗常揀向陽巨筍纖以籠之隨長以土培之常
留寸許度計高四尺數長丈方除籠伐之一尺十節
其色如金塗壁方長彈子作天下太平字
唐白樂天作筍歌布在華裔
唐陳藏器明草木性本草拾神農陶弘景李世績之
遺事多説筍療治發害之性也
釋志徽會昌年中於上元縣瓦官閣南有雙籠閉之
忘記歲月及詔拆浮圖開之徹得筍筆笑一作千餘頭
中藏者則大業拾遺藁也
唐僖宗朝陸龜蒙處士隱蘇臺甫里村亦號甫里先
生著筍賦云洪殺靡定方圓不均自注曰南方有方

竹今澧州游川鐵冶多方竹竹内實微通心若叙股許筍可食亦實湘川人取竹作床椅有四稜上穿孔入當耳

劉恂唐昭宗朝出爲廣州司馬官滿上京擾攘遂居南海作嶺表録云邕溪蘄筍交廣涔摩筍

唐夏侯彪之上新繁令問里胥曰竹筍一錢幾莖對曰五莖取十千買五萬莖謂之曰吾未要且寄林中養之至秋竹成一竿十丈遂成五十萬貪猥不道皆此類也

沈如琢成都人有孝行母患渴非時思桑椹苦求不遂家東一樹生摘以奉母母渴愈及亡負土成墳廬於側白鵲二棲〈于廬冬筍抽十莖天寶二年詔旌表

朱梁高祖開平二年冬商州進筍以爲瑞品詔賜太
守幣帛
林譜著閩中記述風土所生竹二十許類筍附而云
何光遠作廣政録記孟氏有蜀時翰林學士徐光溥
劉侍郎羲度分直忽覩庭中筍迸出徐因題之劉性
多譏誚徐託土本是蜀人徐詩曰迸出班犀數十株
更添幽景向蓬壺出來似有凌雲勢用作丹梯得也
無劉詩曰徐徐出土非人種枝葉難投日月壺爲是
因緣生此地從他長養譬如無二學士從兹不睦
程崇雅者遂州蓬山縣人有孝譽母患冬月思筍焚
香入林中哭泣感生大筍數株
范旻著邕管記有鹿頭筍諸色筍名類甚多不能備

述其名

五之雜説

凡草木受陰陽之氣從无化之主苟無範圍何大鈞
鑄形而相肖故云木實從核以求其種柤爲梨屬枳爲橘屬草
莩從秀以求其醜葦醜苕竹之醜節種同蔟屬也厥性弱於
木而強於草知非木實草木中之別類故爾雅曰如
竹箭曰苞見釋木也篠箭見釋草也亦言菜筍爲人之所採取也民間説
竹有生日即五月十三日也移竹栽取宜此日或陰
雨土虚鞭行明年筍萌交出偷筍闇闇人隔垣籬必
埋猶於家墻下明年筍迸過矣
筍皮扇今江東人取苦竹筍皮厚可三分磔開一尺
二寸杉木爲柄漆紙飾縁内書畫適意止不受彩耳

筍皮僧家多取苦筍殼裁爲鞋屐中屜可隔足汗耳

昔王子猷嘗寄人家便令種竹或問暫居何煩子猷笑曰何可一日無此君後代人謂竹都爲此君今作譜者可命筍爲此君之子也

吾儕中有利口薄徒喜詆訶賢達曰汝是玉吾見汝作石時汝是竹吾見汝作筍時

俗間呼筍爲龍孫若然者龍未聞化竹竹化爲龍豈宜言龍孫今詳理實竹爲龍龍且不生筍故嘉言巧論呼爲龍孫耳

或問筍有五色章采否對曰江東黄篁閑居賦有青筍閩中賦有素筍赤筍錢塘多紫桂筍自餘班貍緗縹不可勝言大約不過青綠色

本草木性甲乙氣
愚著物類相感志常寄書問天目舊友問山中所出
伊僧呰筍却廻詩云山中人事違天眼中修定天目一名
天眼我本無根株只將筍爲命
諺曰臘月煑筍羹大人道便是昔有新婦不得舅姑
意凡所須索必昔時而逆意其婦善承須不違所要
皆巧圖與夫求變而副舅姑無以取責姑一日歲暮
而索筍羹婦荅即煑供上妯娌問之曰今臘月中何
處求筍婦曰且譍爲貴以順攘逆責耳其實何處求
筍姑聞而後悔倍憐新婦故又諺曰恭敬不如從命
受訓莫如從順
筍譜

菌譜

（宋）陳仁玉 撰

《菌譜》，（宋）陳仁玉撰。陳仁玉，字碧棲，兩浙東路台州仙居（今浙江仙居）人。南宋時，台州的菌號稱上等美味，陳氏撰寫此譜，意在記載本鄉特産。書成於淳祐五年（一二四五），是中國歷史上最早的一篇食用菌專譜。《四庫全書總目》『譜錄類』存目。

該書記述了生長於陳氏家鄉山林間的美味食用菌十一種，即合蕈、稠膏蕈、栗殼蕈、松蕈、竹蕈、麥蕈、玉蕈、黄蕈、紫蕈、四季蕈、鵝膏蕈。對每一種菌的生長環境、生長和採收時間，形態色味都有記述，還介紹了一些種類的烹飪方法、滋補和醫治小便失禁的效果，以及誤食毒蕈之後的解毒急救方法。對各種菌的菌傘外形描述頗得要領，對蕈類的腐生、寄生的生態習性已有相當認識，並以此來分類命名，如松蕈、竹草、稠蕈等。該譜之後，中國歷史上比較著名的菌類專譜還有明代潘之恒的《廣菌譜》，清代吴林的《吴菌譜》等。這些菌譜對研究古代食用菌的種類和歷史有一定學術價值。

該書的版本有《百川學海》《説郛》《山居雜誌》《墨海金壺》《珠叢别錄》《仙居叢書》等。今據南京圖書館藏《百川學海》本影印。

（惠富平）

菌譜

芝菌皆氣茁也靈華三秀稱瑞尚矣朝菌晦朔莊生訕之至若儔其食品古則未聞自商山茹芝而五臺天花亦甲群彙仙居介台栝叢山入天仙靈所宮爰產異菌林居巖棲者左右芼之固黎莧之至腴尊葵之上瑞比或以羞王公登玉食自有此山即有此菌未有此遇也遇不遇無預菌事繫欲盡菌之性而究其用第其品作菌譜淳祐乙巳秋九月山人陳仁玉序

合蕈

邑極西韋羌山高迥秀異寒極雪收林木堅瘦春氣微欲動土鬆芽活此菌候也菌質外褐色肌理玉潔

芳馥韻味發釜鬲聞百步外蓋菌多種例柔美皆無香獨合蕈香與味稱雖靈芝天花無是也非全德郎宜特尊之以冠諸菌合蕈始名舊傳昔嘗　上進標以台蕈　上遥見誤讀因承誤云數十年來既充苞貢山獠得善賈率曝乾以售罕獲生致邑孟溪山中亦同時產性蕈柄高無香氣土人以是别於韋羔焉

稠膏蕈

邑西北孟谿山窅邃深莫測秋中山氣重霏雨零露浸釀山膏木腴蓓為菌花戢戢多生山絶頂高樹杪初如蘗珠圓瑩類輕酥滴乳淺黄白色味尤甘勝已乃傘張大幾掌味頓渝矣春時亦間生不能多稠膏得名土人謂稠木膏液所生耳合蕈他邦猶或有之

此菌獨此邑此山所產故尤可貴黨法當徐下鼎瀋同涫沸漉起謹勿亡撓撓則涎腥不可食性參和衆味而特全於酒烹齊既調溫厚滑甘雉尾蓴不足道也或欲致遠則複湯蒸熟貯之瓶甖然其味去出山遠矣

栗殼蕈

寒氣至稠膏將盡栗殼免者則其續也尚有典刑焉

松蕈

生松陰採無時凡物松出無不可愛松葉與脂伏靈琥珀皆松裔也昔之遁山服食求長年者寔松焉依人有病溲濁不禁者偶掇松下菌病良已此其効也

竹蕈

生竹根味極甘當與筍通譜而菌爲北阮矣

麥蕈

多生溪邊沙壤鬆土中俗名麥丹蕈未詳味殊美絶類北方摩姑蕈品最優

玉蕈

生山中初寒時色潔晳可愛故謚爲玉然作羹微韌俗名寒蒲蕈

黃蕈

叢生山中梔鬱黃色俗名黃纘蕈又有名黃𤞑者殊峭硬有味

紫蕈

赬紫色亦山中產俗名紫富蕈品爲下

生林木中味甘而肌理麄峭不入品

四季蕈

鵝膏蕈

生高山狀類鵝子久乃繖開味殊甘滑不謝稠膏然與杜蕈相亂杜蕈者生土中俗言毒蠚氣所成食之殺人甚美有惡宜在所黜食肉不食馬肝未爲不知味也凡中其毒者必笑解之宜以苦茗雜白礬勺新水併咽之無不立愈因著之俾山居者享其美而遠其害此譜外意也

出版後記

早在二〇一四年十月，我們第一次與南京農業大學農遺室的王思明先生取得聯繫，商量出版一套中國古代農書，一晃居然十年過去了。

十年間，世間事紛紛擾擾，今天終於可以將這套書奉獻給讀者，不勝感慨。

當初確定選題時，經過調查，我們發現，作爲一個有著上萬年農耕文化歷史的農業大國，我們整理的農業古籍叢書只有兩套，且規模較小，一是農業出版社自一九五九年開始陸續出版的《中國古農書叢刊》，收書四十多種；一是農業出版社一九八二年出版的《中國農學珍本叢刊》，收書三種。其他點校整理的單品種農書倒是不少。基於這一點，王思明先生認爲，我們的項目還是很有價值的。

經與王思明先生協商，最後確定，以張芳、王思明主編的《中國農業古籍目録》爲藍本，精選一百五十二種中國古代最具代表性的農業典籍，影印出版，書名初訂爲『中國古農書集成』。接下來就是正常的流程，先確定編委會，確定選目，再確定底本。看起來很平常，實際工作起來，卻遇到了不少困難。

古籍影印最大的困難就是找底本。本書所選一百五十二種古籍，有不少存藏於南農大等高校圖書館。但由於種種原因，不少原來准備提供給我們使用的南農大農遺室的底本，當時未能順利複製。最後所有底本均由出版社出面徵集，從其他藏書單位獲取。

本書所選古農書的提要撰寫工作，倒是相對順利。書目確定後，由主編王思明先生親自撰寫樣稿，副主編惠富平教授（現就職於南京信息工程大學）、熊帝兵教授（現就職於淮北師範大學）及編委何彦超博士（現就職於江蘇開放大學）及時拿出了初稿，爲本書的順利出版打下了基礎。

本書於二〇二三年獲得國家古籍整理出版資助，二〇二四年五月以『中國古農書集粹』爲書名正式出版。

二〇二二年一月，王思明先生不幸逝世。没能在先生生前出版此書，是我們的遺憾。本書的出版，或可告慰先生在天之靈吧。

是爲出版後記。

鳳凰出版社

二〇二四年三月

《中國古農書集粹》總目

九

十

十一

十二

十六

十七

養魚經　（明）黄省曾　撰
異魚圖贊　（明）楊慎　撰
閩中海錯疏　（明）屠本畯　撰　（明）徐𤊹　補疏
蟹譜　（宋）傅肱　撰
糖霜譜　（宋）王灼　撰
酒經　（宋）朱肱　撰
飲膳正要　（元）忽思慧、常普蘭奚　撰

十八

救荒活民補遺書　（宋）董煟　撰　（元）張光大　增
（明）朱熊　補遺
荒政叢書　（清）俞森　撰
荒政輯要　（清）汪志伊　纂
救荒簡易書　（清）郭雲陞　撰

十九

孚惠全書　（清）彭元瑞　撰

二十

欽定康濟録　（清）陸曾禹　原著　（清）倪國璉　編録
救荒本草　（明）朱橚　撰
野菜譜　（明）王磐　撰
野菜博録　（明）鮑山　撰

二十一

全芳備祖　（宋）陳詠　撰
南方草木狀　（晉）嵇含　撰

二十二

植物名實圖考（全二册）　（清）吴其濬　撰